明德海洋教育

（第三册）

中国海洋大学出版社

·青岛·

致　谢

本书在编创过程中，参考使用的部分文字和图片，由于权源不详，无法与著作权人一一取得联系，未能及时支付稿酬，在此表示由衷的歉意。请相关著作权人与我社联系。

联系人：徐永成

联系电话：0086-532-82032643

E-mail：cbsbgs@ouc.edu.cn

图书在版编目（CIP）数据

明德海洋教育 / 宫君，蔡军萍主编 . —青岛：中国海洋大学出版社，2019.5

ISBN 978-7-5670-1960-7

Ⅰ . ①明… 　Ⅱ . ①宫… ②蔡… 　Ⅲ . ①海洋学—教材 　Ⅳ . ① P7

中国版本图书馆 CIP 数据核字（2019）第 259100 号

MÍNGDÉ HǍIYÁNG JIÀOYÙ

明 德 海 洋 教 育

出版发行	中国海洋大学出版社
社　　址	青岛市香港东路 23 号　　邮政编码　266071
网　　址	http://pub.ouc.edu.cn
出 版 人	杨立敏
责任编辑	孙玉苗
电子信箱	94260876@qq.com
印　　制	青岛海蓝印刷有限责任公司
版　　次	2020 年 12 月第 1 版
印　　次	2020 年 12 月第 1 次印刷
成品尺寸	185 mm × 260 mm
印　　张	19.25
字　　数	256 千
印　　数	1~1400
定　　价	78.00 元（全三册）
订购电话	0532-82032573（传真）

发现印装质量问题，请致电0532-88786655，由印刷厂负责调换。

《明德海洋教育》编创团队

主　编　宫　君　蔡军萍

副主编　冷　丽　王　琳

编　者　（以姓氏笔画为序）

　　　　于　沛　王庆莲　王春莲　王　俊　王　琳

　　　　王琳琳　刘入玮　李东遥　李　梦　冷　丽

　　　　张　爽　郑　文　赵金燕　宫　君　耿　洁

　　　　徐　洋　高　俊　董　竞　蔡军萍　魏　鹏

绘　画　张婕妤　赵　诺　董林姿

海洋吉祥物设计　刘知让（学生）

海洋教育顾问　刘宗寅　季　托

总策划　宫　君　王　琳　蔡军萍　刘宗寅

执行策划　刘宗寅

前　言

随着"海洋强国"国家战略的深入实施，我国中小学海洋教育蓬蓬勃勃地开展起来并取得了显著成效。实践证明，一所学校要想有效地实施海洋教育，就必须加强对海洋教育的研究，进一步明确海洋教育的目的和解决"教什么、怎么教"的问题。

著名海洋专家冯士筰院士从教育学的视角出发，认为海洋教育指的是为增进人对海洋的认识，使人掌握与海洋相关的技能进而影响人的思想品德的一切活动。青岛市教育局明确提出了"以海明德、以海启智、以海强体、以海冶性、以海践劳"的海洋教育任务，要求全市中小学认真落实。青岛市市南区教育和体育局以寻求海洋创新驱动为出发点，以全国教育科学"十三五"教育部规划课题"区域推进海商教育的实践研究"为抓手，进一步优化海洋教育远景规划，深度推进区域海洋教育实践研究。

在有关专家的指导下，我们运用系统思维方法研究海洋教育，认识到海洋教育的内涵在于通过各种各样的海洋教育活动，将"生""和""容"的海洋特征传递给每个学生，培养学生的高尚品质。

海洋孕育着生命、支持着生命，生机勃勃，生生不息，强烈地表现出"生"的特征。从海洋自身来看，地球上的海洋连成一片，其中的非生命物质与海洋生物相互影响，各生态系统形成具有一定结构和功能的统一体，处于动态平衡状态。从海洋与人类的关系来看，海洋与人类同在地球上，人类影响着海洋，海洋也制约着人类，突出地表现出"和"的特征。海洋浩瀚无垠，汇集着地球上的各方来水，容纳并消化着人类生活及生产的各种废弃物、排放物，鲜明地表现出"容"的特征。海洋与人类共存，海洋的"生""和""容"与人类的"生""和""容"息息相关。

在上述认识的基础上，结合学校的办学理念和教育优势，我们确立了凸显德育的海洋教育方向，在完成"普及海洋知识、弘扬海洋文化、增强海洋意识"海洋教育任务的过程中，从"生""和""容"三个方面引导学生提升思想品德水平。从海洋之"生"认识人类社会之"生"和个人之"生"：人类社会生生不息，历史长河滚滚向前，人类生存与发展的每一个脚步都离不开文明的滋养，因此我们要不惧困难、勇于进取，为促进人类社会的"生机勃勃、生生不息"而拼搏；从海洋之"和"认识人类社会之"和"和个人之"和"：人与自然要和谐，人与社会要和谐，人与人要和谐，人与自身要和谐，因此我们要树立"和合"理念，并将这一理念贯彻到实际行动中。从海洋之"容"认识人类社会之"容"和个人之"容"：包容是一种社会美德，宽厚是一种个人涵养，因此做人就要胸襟坦荡、宽宏大量，做到"海纳百川，有容乃大"。为此，学校统一组织，骨干教师积极参与，我们编创团队通过深入研究开发了"明德海洋教育"课程。这一工作的开展，不仅丰富了学校的课程建设、凸显了学校课程体系"立德树人"的特点，而且使老师们进一步明确了开展海洋教育的意义、内容与方法，从而为我校海洋教育的实施提供了有力保证。

"明德海洋教育"课程分三个学年实施，每一学年的课程内容都包括"海之生""海之和""海之容"三个部分。从内容线索上看，每一课皆以生动有趣的海洋故事创设情境，引导学生完成三个阶段的探究活动：首先了解海洋的有关特征，然后认识这种特征在自然界或人类社会中的普遍存在，最后从中提炼应具备的思想品质。从呈现形式上看，每一课都设置了若干活动性栏目和辅助性栏目，引导学生在活动体验中接受海洋教育，课末的"以海明德"栏目则点明了本课的主题思想。

这一课程之所以取名"明德海洋教育"，一是因为我校的校训是"明德、砺学、博艺、致远”，学校秉承的是“明德固本、质量立校、和谐发展、追求卓越”的办学理念，形成的是“明德于心”的德育品牌，“明德”已经成为学校的象征；二是为了体现海洋教育“以海明德”的特点，表明学校把提升学生的思想道德水平作为海洋教育的重要目的之一。

“明德海洋教育”课程的研发得到了青岛市市南区教育和体育局的大力支持。在研发过程中，我们参阅了大量的资料并学习了各地的经验，从中获得许多有益的启发。在此，我们一并表示衷心的感谢。由于研发凸显“以海明德”特点的海洋教育课程是一种探索，希望广大读者多多提出宝贵意见和建议，以便使这种探索不断完善，推动中小学海洋教育深入发展。

宫　君　蔡军萍　刘宗寅

2020年8月

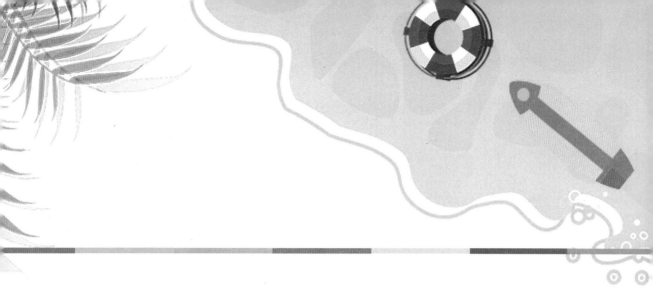

目录

海之生

可燃冰：沉睡在海底的"能源新星"

我国在南海成功试采可燃冰

2017年5月18日上午，时任国土资源部部长的姜大明在"蓝鲸一号"上宣布我国海域可燃冰试采成功。这是我国首次、也是世界首次对资源量占比90%以上、开发难度最大的泥质粉砂型储层可燃冰矿藏成功实现试采，取得了可燃冰勘查开发理论、技术、工程和装备的自主创新，实现了在国际上这一领域由"跟跑"到"领跑"的历史性跨越，对保障国家能源安全、推动绿色发展、建设海洋强国具有重要而深远的影响。

开采出的可燃冰在燃烧

"蓝鲸一号"可燃冰钻井平台

一、初识可燃冰

可燃冰是可以燃烧的冰吗？

肯定不是，水结成的冰肯定不能燃烧。

其实，可燃冰的"真姓大名"叫"天然气水合物"。它的主要成分是一种叫作甲烷的气体，和我们生活中用的天然气的主要成分是一样的。不过，在海底，甲烷等气体成分和水结合在一起形成像冰一样的固体，这种固体被称为可燃冰。

可燃冰

操作·体验

世界上的物质都是由肉眼看不见的"微粒"组成的。以甲烷为主的气体的"微粒"和周围水的"微粒"结合就组成天然气水合物的"微粒"了（右图）。

图中的绿球表示以甲烷为主的气体的"微粒"，一个红球和两个白球组成水的"微粒"。

仔细观察可燃冰的结构图示，小组合作，

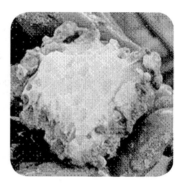

天然气水合物"微粒"
结构示意图

尝试用磁力积木或用橡皮泥和火柴棍拼搭立体的可燃冰结构模型吧。

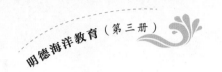
可燃冰是在低温、高压的条件下形成的，最佳形成温度为0℃～4℃，超过20℃可燃冰便会分解。1立方米可燃冰可转化为160～180立方米的天然气。

可燃冰的主要成分和我们用的天然气一样，它肯定容易燃烧。

那当然，你看下面这张图片中可燃冰燃烧产生的火焰多漂亮啊！

可燃冰燃烧产生的漂亮火焰

可燃冰燃烧后会生成二氧化碳和水，几乎不产生任何残渣，对环境的污染比煤、石油都要小得多；而且，在同等条件下，可燃冰燃烧产生的能量比煤、石油要多得多。可燃冰点燃了人类开发利用能源的新希望。

海阔天空

可燃冰发现的故事

一次，苏联一位天然气专家，在研究注水对于天然气产量的影响时遇到了意外——向一口正在出气的气井中注水后，气井突然不出气了。这是为什么？专家绞尽脑汁冥思苦想也找不到答案。有一天，他灵机一动，让工人们向气井中注入2吨甲醇。这气井竟复活了。

秘密究竟在哪里呢？原来，许多气体在低温和高压环境下都容易与水结合形成水合物。在气井深处，温度低，压力大，注入的水就和井内天然气结合成水合物固体。这样，气井就不会冒气了。后来，注入甲醇。甲醇跟水更容易结合，就把天然气"解放"出来了。

裸露在海底的棕黄色可燃冰

科学家由此得到启示：在海底很可能有大量的天然气水合物存在。这一设想后被证实。

二、海底可燃冰的形成

海底为什么会有可燃冰？

我想，这与海底的条件有关吧。

海洋中，可燃冰主要分布在大陆边缘300～3 000米水深的海底沉积物中。

什么叫压强呢？原来地球上的物质受地球的吸引都会对其下面的物体产生压力，单位面积上的压力就叫作压强。受力面积一定时，上面的物质越重，所产生的压强就越大。

是啊，大气有重量，会产生大气压；海水有重量，上面的海水对下面的海水或海底也会产生压强。

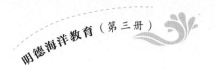

合作·分享

以小组为单位进行讨论，海底为什么会具有可燃冰生成的温度和压力条件？

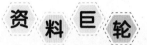

海水的水压

海洋里，离开海面越向下水压越大。每下降10米，大约增加一个大气压的压强。这样看，海底的压强实在太大了，1 000米深的海底压强是大气压的大约100倍。

海底有形成可燃冰的条件，那可燃冰是怎样形成的呢？

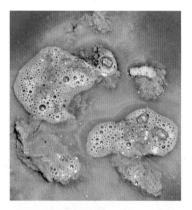

埋于海底的有机物质在缺氧环境中被细菌分解，最后形成石油和天然气。

其中许多天然气又被水包围，在海底的低温和高压环境中，就会形成冰状结晶物——可燃冰。

夹杂着白色颗粒状"可燃冰"的海底沉积物放入水中随即冒出大量气泡

操作·体验

上网搜索，了解全球可燃冰储量，说说人们为什么把可燃冰誉为"能源新星"，体会可燃冰的魅力。

信息快艇

可燃冰储量

不仅在海底，在陆地上如大陆冻土带地表以下200~1 100米处，也有可燃冰矿藏。目前，世界各国已直接或间接地发现可燃冰矿点132处，其中海洋及少数深水湖泊122处、永久冻土带10处。据估算，全世界可燃冰的总含碳量，相当于全球已探明的煤、石油和天然气总含碳量的2倍。我国的可燃冰主要分布在南海、东海、青藏高原冻土带以及东北冻土带。南海是我国可燃冰储量最为丰富的海区，西沙海槽、台湾西南陆坡、南沙海槽都可能存在大量的可燃冰资源，这些可燃冰资源可以满足我国今后数百年对天然气的需求。

海阔天空

可燃冰储量这么大，现在为什么不大规模开采利用呢？

全球海底可燃冰中的甲烷总量约为地球大气中甲烷总量的3 000倍，若有不慎，让海底可燃冰中的甲烷逃逸到大气中去，产生严重的温室效应使地球变热，后果不可想象。可燃冰存在于海底泥沙层中，开采时泥沙层极可能失去固结而坍塌，还会改变沉积物的性质，使海底软化，出现大规模的海底滑坡。现在，科学家正在破解各种难题，以实现可燃冰的大规模的开采利用。在这方面我国已走在世界的前列。

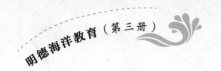
三、像"可燃冰"那样发光、发热

可燃冰纯净无瑕，燃烧自己，不留灰烬，尽情地给人类带来光和热。可燃冰的这种品质真值得我们好好学习。

> 我们应当像可燃冰那样，打造"毫不利己，专门利人"的品质！

阅读·感悟

阅读《毫不利己，专门利人的人——白求恩》，感受白求恩的崇高精神。

毫不利己，专门利人的人——白求恩

白求恩，加拿大共产党员，国际主义战士，著名胸外科医师，为了世界反法西斯战争取得胜利，来到中国参加抗日战争。

1938年6月，白求恩从延安来到晋察冀抗日根据地，见到聂荣臻的第一句话就是："告诉我，司令员同志，我的战斗岗位在哪里？"同志们劝他休息一会儿，他说："我是来工作的，不是来休息的。你们不要把我当成古董，要把我当成一挺机关枪使用！"在冀察冀抗日根据地工作1年多时间里，他直接参加雁宿崖、黄土岭等11次战役的救治工作，亲自为1 290余名伤员施行手术，接受过他诊治的军民数以万计。其中一次，他连续69小时为115名伤员进行外科手术。当时，晋察冀军区要给白求恩发100元生活津贴，他谢绝道："我是来支援中国民族解放的，我要金钱做什么？要图吃得好、穿得好，我就不来中国了！"平时，他总是身穿旧军装、脚上着草鞋，直至牺牲。

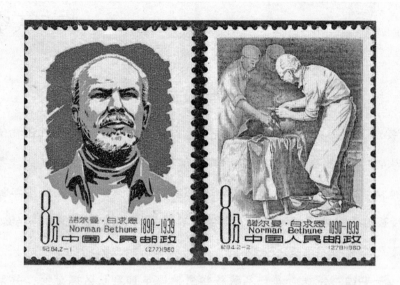

白求恩丝毫不顾个人安危，每次都坚持将手术室设在离战场最近便处，经常依托小庙在隆隆枪炮声中做手术，并多次为抢救危重伤员献血。他说："能输血救活1个战士，胜于打死10个敌人。"

白求恩牺牲后，毛泽东主席写了《纪念白求恩》一文，高度赞扬白求恩的"国际主义和共产主义精神""毫不利己专门利人的精神"，并号召大家向白求恩学习："一个人能力有大小，但只要有这点精神，就是一个高尚的人，一个纯粹的人，一个有道德的人，一个脱离了低级趣味的人，一个有益于人民的人。"

其实，在我们身边就有好多默默奉献、助人为乐的好榜样，他们也是毫不利己、专门利人的人。请找一找你身边具有"毫不利己，专门利人"品质的人，写一写他们的事迹。

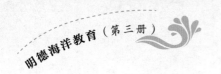

海阔天空

热心公益的五星级志愿者：刁兴宇

安徽男孩刁兴宇一家五口都是五星级志愿者，雷锋精神三代相传。刁兴宇，从4岁开始就跟着家人一起做志愿服务；8岁时被吸纳为正式志愿者；12岁时被认证为深圳市五星级志愿者，刷新了这项认证的全国最小年龄纪录；14岁时签订了眼角膜捐献协议。到2018年，17岁的刁兴宇已有13年的志愿者经历，志愿服务时间已有2 642小时。志愿服务已经成为刁兴宇的成长方式。刁兴宇还长期结对帮扶青海一名藏族学生，每年都到藏区探望他，并帮助他到深圳、北京等地游学。在刁兴宇的影响下，身边同学纷纷注册成为志愿者，奉献爱心，服务社会。

刁兴宇先后获得"广东省优秀共青团员""最美南粤少年""全国最美中学生"等荣誉。2018年刁兴宇又荣获全国首批"新时代好少年"光荣称号。

（选自"中国文明网"）

碧海扬帆

去敬老院送温暖

利用双休日，全班同学一起到敬老院看望老人，给老人演节目，陪老人聊聊天等。

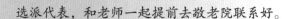

一定要事先做好准备，制订好活动计划。

选派代表，和老师一起提前去敬老院联系好。

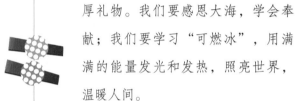

以海明德

可燃冰是大海奉献给人类的丰厚礼物。我们要感恩大海，学会奉献；我们要学习"可燃冰"，用满满的能量发光和发热，照亮世界，温暖人间。

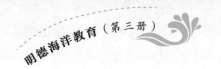

从煮海为盐到海水淡化

海边聆听浪涛声声

海水是个"多面手"

假期一到，小德和爸爸又开始了愉快的旅行——参观一个盐场。

白色的盐滩一望无垠，银光闪闪，景象十分美丽。爸爸告诉小德，这个盐场，是以海水为原料生产食盐的。

盐场

"海水怎么变成食盐的呢？"小德好奇地问。"海水含有大量盐分啊。也正因此，海水是又咸又苦的。盐场的工人们把海水引入池子里晒，水分蒸发了，盐分就慢慢析出来了。"爸爸解释说。

远处，盐场的机器轰鸣，一派繁忙的景象。小德不禁发出阵阵惊叹："原来海水可以制盐啊！太神奇了！"

"海水不仅能制盐，"爸爸说道，"它还能制淡水呢！""海水又苦又咸，

海水淡化厂

能变成淡水？"小德有点丈二和尚摸不着头脑。"是的，海水可是个'多面手'！"爸爸继续说道。"嘿，海水太厉害了，既可以变成白花花的食盐，又可以变成宝贵的淡水，而食盐和淡水都是我们生活中离不开的啊！"小德兴奋不已地喊起来。

人们到底是怎样发现海水的秘密的，又是怎样充分利用海水资源的呢？

一、煮海为盐见传奇

合作·分享

大家想一想，议一议："煮海为盐"指的是什么？

从海水中制盐经历了怎样的发展过程？

海水中含有多种盐类物质，其中大约90%是氯化钠，也就是我们熟悉的食盐的主要成分。有人说，如果把海水中的盐类物质全部提取出来平铺在陆地上的话，那么陆地的高度会增加约150米；如果把海洋都蒸干了，海底也会积上约60米厚的盐层。

资料巨轮

我国古代晒盐

我国是世界上最早制取海盐的国家之一。数千年前，生活在海边的先民们就学会了晒盐。人们开辟了一些被称作"盐田"的水池，利用潮汐将海水纳入池内。随后，把海水引入蒸发池，让水分在阳光照射下蒸发，形成含盐量很高的卤水。最后，将卤水引入结晶池，并使之继续蒸发，直到结晶出白花花的盐粒。

古代晒盐图

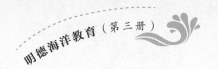

显微镜下的3种盐粒

操作·体验

查阅资料，了解食盐的重要作用。

不仅要考虑食盐在我们生活中的用途，还要考虑它在化工等方面的用途。

海阔天空

食盐与我们

在我们一日三餐的饮食中，盐是必备的调料。"一盐调百味"，"五味之中咸为首"。盐被称为"百味之祖""食肴之将"。

食盐不仅是人们日常饮食中必不可少的调味品，也是维持人体健康不可或缺的物质，它能维持心脏的正常搏动和肌肉的感应能力。明朝著名医药学家李时珍在《本草纲目》中提到，食盐具有清热解毒、杀菌止痒、催吐止泻之功效。

其实，从海水中不仅可以提取食盐，还可以提取镁、溴等物质。海水真是个化学大宝库！

信息快艇

海水中盐的来源

海水中的盐主要有两个来源：一部分来源于海水对海底的岩石和沉积物的溶解；另一部分来源于陆地上的江河。江河的水在流动过程中，不断地冲刷各种土壤和岩层，从而溶解土壤和岩层中的盐类物质，而这些物质会随着水流被带入大海，使海水中含有一定量的盐。

据科学家估算，每年经过江河流到大海里的盐类物质约达19亿吨。

海阔天空

夙(sù)沙氏煮海为盐

相传远古时期，有一个原始部落，首领名叫夙沙氏。有一天，夙沙氏在海边煮鱼。和注常一样，他提着陶罐从海里打半罐水回来放在火上煮。突然，一头野猪从眼前飞奔而过，夙沙氏见状拔腿就追。他将野猪打死扛回来后，发现陶罐里的海水已经熬干了，底部留下一层白白的细末。他用手指蘸了点细末放到嘴里一尝，又咸又鲜。后来，他又用烤熟的野猪肉蘸着这种细末来吃，感觉比以前更加美味了。那白白的细末便是从海水中熬制出来的盐。

夙沙氏雕像

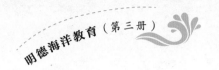

"夙沙氏煮海为盐的传说" 2011年成为青岛市级非物质文化遗产项目，2013年又入选山东省第三批省级非物质文化遗产名录。

二、海水淡化成美谈

合作·分享

分组研讨，人们为什么会想到海水淡化？海水容易淡化吗？

陆地上的淡水不足，海水淡化是人类向大海要淡水的一种办法。

怎么进行海水淡化？从海水晒盐中能不能受点启发？

海阔天空

淡水资源

　　地球上可以供人们饮用及工业生产需要的淡水资源很少，占地球水资源总量的比例还不到3%。这极少的淡水中，绝大部分又是以冰和积雪的形式冻结在南北两极和高山地区，我们可以直接利用的参与循环的地下水、湖泊水和江河水只占到了地球总水量的0.04%。

　　目前，人类仍面临着淡水资源危机，约占世界人口总数40%的80个国家和地区严重缺水。

　　海水量大，但是海水含盐量约是人体体液中含盐量的4倍，人无法直接饮用海水。这是因为人喝了盐浓度高的海水，盐液排不出去，体液会失去平衡，严重的话会脱水死亡。只要使海水脱盐，将水由"咸"变"淡"，水就可以饮用了。

操作·体验

尝试做一做蒸馏实验，体验"盐水分离"的妙处。

蒸馏就像烧水一样，把水蒸发出来，盐留在下面，水蒸气遇冷再次凝结成水，就把盐和淡水分开了。请按下图所示一起试一试吧！

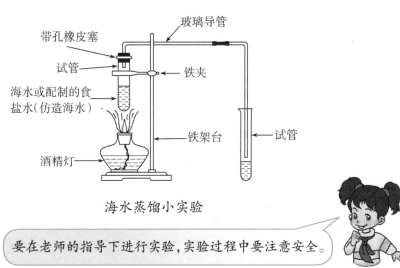

带孔橡皮塞
玻璃导管
试管
铁夹
海水或配制的食盐水（仿造海水）
铁架台
试管
酒精灯

海水蒸馏小实验

要在老师的指导下进行实验，实验过程中要注意安全。

蒸馏法是古老的海水淡化方法。人们现在对蒸馏法进行了创新改进。另外，科学家还研发出了其他先进方法如反渗透法等来进行海水淡化。

海阔天空

青岛的海水淡化规划

《青岛市海水淡化产业发展规划（2017—2030年）》指出，青岛市将确立海水淡化稳定水源及战略保障地位，将海水淡化纳入全市水资源平衡供需管理；到2020年，

青岛某海水淡化公司的渗透车间

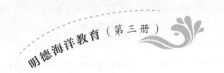

全市海水淡化产能达到50万立方米/日以上，海水淡化对保障全市供水的贡献率达到15%以上；到2025年，海水淡化产能达到70万立方米/日以上；到2030年，海水淡化产能达到90万立方米/日以上，把青岛市打造成全国海水淡化应用重点示范城市、国家级海水淡化产业基地、全球重要海水淡化装备制造中心。

三、海水"咸""淡"奉献的启示

海水不仅为人类提供了维持身体健康和日常饮食调味所必需的食盐，还是一个化学大宝库。它源源不断地为化工生产提供原料，并在人类面临淡水危机时为人类打开了一扇希望之门，可谓能"文"能"武"，是一个地地道道的"多面手"。海水有这样的"实力"，在于它有大量的"盐分"和"水分"储备。

联想到我们自身，海水带给我们什么启示呢？在我们人类社会中像海水这样的"多面手"比比皆是。

合作·分享

中国历史上有很多具有文韬武略的人。他们为维护民族的尊严、为了国家的强盛而发挥自己的才能，奋斗终生。

分小组讨论，说说你知道的这方面的故事。

民族英雄岳飞就多才多艺、文武双全。

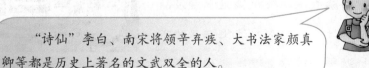

"诗仙"李白、南宋将领辛弃疾、大书法家颜真卿等都是历史上著名的文武双全的人。

信息快艇

文武双全的岳飞

宋代的岳飞，是精忠报国的典范。他精通兵法，缔建了一支纪律严明、能征善战的军队，为南宋朝廷收复了大量失地。岳飞不仅是伟大的军事家、战略家，还是出色的书法家和诗人。他的书法以行书和草书为主，刚正遒劲。他创作的词《满江红》气势恢宏，广为流传。文天祥评价岳飞说："岳先生，我宋之吕尚也。建功树绩，载在史册，千百世后，如见其生。至于笔法，若云鹤游天，群鸿戏海，尤足见干城之选，而兼文学之长，当吾世谁能及之。"

岳飞塑像

满江红

岳 飞

怒发冲冠，凭栏处、潇潇雨歇。抬望眼、仰天长啸，壮怀激烈。三十功名尘与土，八千里路云和月。莫等闲、白了少年头，空悲切。

靖康耻，犹未雪。臣子恨，何时灭。驾长车，踏破贺兰山缺。壮志饥餐胡虏肉，笑谈渴饮匈奴血。待从头、收拾旧山河，朝天阙。

其实，在我们的身边就有很多多才多艺的同学，他们是我们学习的好榜样。

海阔天空

全国优秀少先队员——徐涵茜

荣获2011年度"全国优秀少先队员"光荣称号的涂涵茜是一名自信又谦逊的女孩。她是山东省红领巾理事会主席、山东省优秀少先队员、山东省爱心大使、济南市小名士、济南市历下区十佳少先队员、山东省实验小学大队长……她还是班级合唱队的指挥、学校外事活动特聘翻译、泰山小动物保护协会志愿者。她获得的奖项就更多了：2010年和2011年全国中小学生书法大赛一等奖、2010年中国娱乐童星榜选拔活动全国总决赛少年组金奖、2010年全国青少年机器人大赛一等奖、2010年"星星火炬"全国英才推选活动全国总决赛表演专业金奖、济南市中小学生电视主持人大赛一等奖、第二十届全国新概念作文大赛一等奖……

涂涵茜是学校里成绩最棒的。"我爱书，更爱看书，把书当成自己的良师益友。假如世界上没有玩具，只要有一本书，我就心满意足了。"涂涵茜在一篇谈读书的文章中写到了她对读书的热爱。很小的时候，她就背诵过《论语》《中庸》《大学》，后来又读了《老子》和中国四大古典名著。尽管学习任务很重、活动很多，但每个周末她都要去一次新华书店，在那里一蹲就是四五个小时。

看了徐涵茜的介绍，大家有什么感想？

开展"才艺大展示"活动

充分准备，组织一次"才艺大展示"活动，让我们尽情展示自己的才能和技艺，如歌唱、舞蹈、器乐、绘画、书法、手工制作、体育、劳动技能等。可分项目、多场次进行，评选出各个方面的"多才多艺小明星"。

踢毽

武术

歌舞

陶艺

为进一步发展自己的才艺，提高自己的综合素质，活动后请制订一个切实可行的全面发展小计划。

以海明德

海水是个"多面手"：是它为人类提供了生命元素和化工资源，是它为人类缓解了淡水资源的紧缺之急。这一切都源自海水有着丰富的储备。我们也要好好学习，增长更多的才能，增强知识和技能储备，全面发展，将来担当起建设祖国的光荣任务。

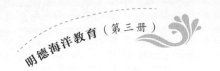

海洋：一个巨大的能源库

波浪也能发电？

我们知道，利用燃烧煤炭、石油、天然气等燃料产生的热能可以发电，利用核能可以发电，利用风能可以发电……如果说大海里的波浪也能发电，你相信吗？事实胜于雄辩。2017年中国电子科技集团公司第三十八研

究所研制的波浪发电装置通过了国家验收，再次说明用波浪稳定发电是完全可行的。

利用波浪发电是通过一种装置将波浪运动所具有的能量（即波浪能）转换成稳定、可用的电力的发电方式。波浪能蕴藏量巨大。有些海域，每1米海岸线外波浪所发的电就能满足20个家庭的照明需求。未来，波浪发电开发利用的前景十分广阔。

问题榜

1.波浪为什么能用来发电？

2.海洋能源是怎么回事？海洋能源中，除波浪能外，还有哪些可以用来发电？

一、蕴藏在海洋中的能量

海洋大约覆盖了地球表面的71%，是世界上最大的太阳能收集器。海洋受到太阳、月亮等星球引力以及地球自转、太阳辐射等因素的影响，储蓄了大量的能量。

什么是能量？我们经常和能量打交道吗？

观察·思考

形形色色的能量

观察下面的图片，想一想：为什么会发生这些现象？

电为什么能使灯亮起来？

光伏发电依据的是什么原理？

火箭点火后为什么能腾空而起？

水为什么会往低处流？

原来这些现象都与能量有关！你能查阅资料了解一下吗？

世界上的一切物质都蕴含着某种形式的能量，各有自己的"本领"。例如，风有把物体吹跑的"本领"。对于同样的物体，有的风很容易就把它吹远了，我们就说它的能量大；有的风吹不动它或吹不了多远，我们就说它能量小。能量是一切活动的基础。海洋是一个庞大、不停运动着的水体，其中必然也充满能量。

信息快艇

能量的存在形式

能量以多种不同的形式存在，一般分为机械能、热能、电能、光能、化学能等。

机械能：机械能一般又分为动能和势能。动能与运动有关。风能吹动物体，就是因为它具有一定的动能。势能与物体的位置有关。高处的物体的势能高，低处的物体势能低。水由高处流向低处，是因为它在高处的势能高，而低处的势能低，物体总是由势能高的地方向势能低的地方运动。

热能：热能是一种与温度有关的能量，它总是由温度高的地方向温度低的地方传递。

电能：电能是一种与电流有关的能量。

光能：光能是由太阳、蜡烛等发光物体所释放的能量。

化学能：化学能是隐藏在物质内部的一种能量。物质发生化学变化（有其他物质产生）时要释放或吸收化学能。

能量不能凭空产生，也不能凭空消失，它只能由一种形式转变为另一种形式。例如，在火箭发射时，燃料燃烧释放的化学能转变成动能，使火箭腾空而起；光能通过光伏电池转变成电能，从而实现光伏发电；水由高处流向低处，势能就转变成动能了；通过灯具，电能转变为光能，产生了流光溢彩的美丽景象。

阅读·思考

读读下面的故事，思考一下，小黄鸭为什么会有这样的神奇之旅？从中你得到了怎样的启示？

小黄鸭的大洋漂流

1992年的一天，一艘满载浴盆玩具小黄鸭的货船，从中国香港驶往美国西岸塔科马港的途中遭遇风暴而倾倒。数万只小黄鸭散落在海面，从此各奔东西，开始了它们的海上之旅。在茫茫的海洋中，玩具小黄鸭被洋流推动着前行。3年后，向南行的近2万只小黄鸭漂到了夏威夷，完成了约1万千米的旅行；另外1万多只往北漂流，途经北冰洋，再入大西洋，15年后抵达了英国海岸。这群漂洋过海的"英雄"在英国身价倍增。更重要的是，有人利用电脑以它们的行程为依据绘制出一个模型图，为人类了解海洋尤其是海水的运动提供了有力的帮助。

信息快艇

海洋中的能量

波浪能：波浪能是海洋波浪所具有的动能和势能。波浪能与波高的平方、波浪的运动周期及迎波面宽度呈正比。

潮汐能：潮汐能是海水潮涨和潮落形成的。潮汐能是海洋动力资源的重要组成部分。

海流能：海洋中由于海水温度、盐度（表示单位体积海水中盐分的多少不同）分布不均匀或由于海面上风的作用等原因造成的海水大规模的、方向基本稳定的流动，称为海流。海流所具有的动能称为海流能。

海洋温差能：海洋能吸收大量的太阳能。海洋十分庞大，所以海水容纳的热量是巨大的。海洋表层、深层水的温度有差异，这其中蕴藏着

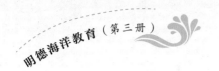
一定的能量，即海水温差能或海洋热能。

海水盐度差能：在江河的入海处，盐度梯度很大。这些淡水与海水混合的地方因盐分浓度不同而产生压力差，存在着能量。

此外，还有海洋生物能、岸外风能、海底地热能等。

可以说，海洋到处都隐藏着能量，真是个能量之海。

二、海洋能——诱人的"蓝色能源"

操作·体验

查阅资料，了解为什么人们将海洋能称为"蓝色能源"。

现在人们的目光都聚焦在海洋能上，希望它能为人类社会的可持续发展贡献力量。

是啊，"蓝色能源"，大有作为！

海阔天空

海洋能及其特点

广义上的海洋能源包括海面以上的海洋风能、海洋表面的太阳能、海底或海床下储存的矿物能（如石油、天然气、天然气水合物）、海水中的化学能（铀、锂、重水、氘等）、海洋生物质能、依附于海水作用和蕴藏在海水中的能量（包括潮汐能、波浪能、温差能、海流能、潮流能、盐差能等）。

根据我国海洋行业标准《海洋能源术语》，海洋能是"依附于海水水体的可再生自然能源"，如潮汐能和潮流能、海流能、波浪能、盐差能等。

海洋能具有以下特点：

（1）总蕴藏量大。

（2）可再生。

（3）分布广且不均。

（4）有相对稳定的，也有有规律但不稳定的，还有既不稳定也无规律的。

（5）清洁。

海洋能开发利力潜力巨大，但打开"海洋能宝库"并不容易。这考验着一个国家在能源领域的科研水平和技术实力。经过长期不懈的努力，我国在海洋能开发利用方面捷报频传。

合作·分享

小组同学一起查阅资料，了解我国在海洋能利用方面都取得了哪些成果。

为使我国的海洋能开发利用达到国际先进水平，国家还发布了我国首个海洋能发展专项规划——《海洋可再生能源发展"十三五"规划》。

我国海洋能资源丰富，开发利用海洋能对海岛利用与保护、拓展蓝色经济空间、海洋生态文明建设有重要意义。

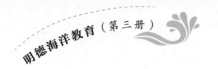

信息快艇

我国最大的潮汐能发电站——江厦潮汐试验电站

以前，浙江省乐清湾地区电力资源非常贫乏，火电站和水电站难以在此安家。但是，乐清湾蕴藏着十分丰富的潮汐能源，可利用它进行发电。

1980年5月4日，浙江温岭江厦潮汐试验电站1号机组正式试验

浙江温岭江厦潮汐电站

发电。目前，江厦潮汐试验电站总装机容量达到3 900千瓦，年均发电量达到700万千瓦时，已成为中国开发利用潮汐能源的试验基地，也是我国目前最大的潮汐能发电站。

鹰式波浪能发电性能直追国际水平

鹰式波浪能发电装置"万山号"

我国开发的鹰式波浪能发电装置"万山号"在海试期间成功抵御热带气旋的袭击，在风暴与大浪的环境下持续稳定发电，验证了其优秀的波浪能俘获能力、转换效率、稳定性和可靠性，多项关键性指标接近国际上较为成熟的波浪能技术。

潮汐发电

潮汐能发电原理类似于水力发电。在海湾或河口建造一座有拦水堤坝的水库，涨潮时将涌来的海水储存在水库内，落潮时放出海水，利用高低潮的落差把海水的巨大势能转化为动能，推动水轮机，带动发电机发电。另外，也可以建设两座相邻的水库，将水轮发电机组放在两座水库之间，一个水库负责涨潮时进水，另一个水库只负责落潮时放水，这样就可以使发电站全天发电。

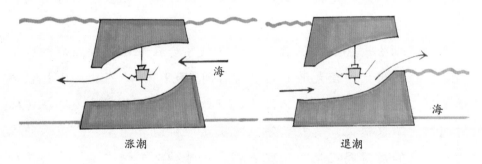

涨潮　　　　　　　　　退潮

潮汐发电示意图

海洋热能发电

海洋是全世界最大的太阳能收集器。

海洋热能发电是利用海洋表层温海水和深层冷海水之间的温度差，使低沸点的工作介质蒸发变为蒸汽来驱动汽轮机带动发电机发电，最后使工作介质冷凝，循环使用。

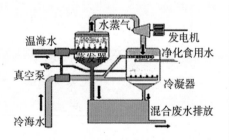

海洋热能发电示意图

三、人似海洋，潜能巨大

海洋拥有丰富的海洋能，我们人类本身也具有巨大的潜能。

阅读·感悟

阅读下面的两个小故事，从中能感悟到人的潜能是无限的吗？

（一）

2019年1月27日，在央视《挑战不可能之加油中国》节目现场，吴美玲挑战"双脑障碍闪电心算"。

闪电算是珠心算训练中的一种。"闪电"是用来形容算题速度快如闪电。双脑计算就是同时调用左右脑分别计算，相当于同时用两把算盘计算两道不同的题。

嘉宾随机给出20组三位数字，这些数字会在显示大屏左右两边依次闪现，每一组数字在大屏上的停留时间是0.24秒。在出现干扰数字的情况下，吴美玲要分别计算出两边有效数字的总和。吴美玲在极短的时间内，不仅捕捉到有效数字，还快速准确地算出总和，惊人的专注力和出色的短时间记忆力让现场观众大呼神奇。这次挑战成功，标志着吴美玲成为珠心算领域双脑运算世界第一人。

（二）

一天，一位名叫桑尼耳的法国飞行员正在用自来水枪清洗战斗机。突然，他感到有人拍了一下他的后背。回头一看，他吓得面无血色。原来拍他的不是人，而是一只硕大的狗熊！桑尼尔急中生智，迅速把自来水枪转向狗熊。也许是用力过猛，在这万分紧急的时刻，自来水枪竟从手上滑了下来，而狗熊已朝他猛扑了

过来……他闭上了眼睛，用尽吃奶的力气纵身一跃，跳上机翼，大声呼救。警戒哨里的哨兵听见了呼救声，急忙端着冲锋枪跑了出来，帮他解了围。事后，人们大惑不解：机翼离地面至少也有2.5米高，桑尼耳居然跳了上去，这可能吗？然而，事实确实如此，是桑尼耳受到刺激而激发出的内部潜能使他做到了这一点。

人所利用的潜能只是人的潜能的极少的一部分。如果这些未被利用的潜能全部被激发出来，人人都是"超人"了！

海阔天空

人的潜能

有人将人的潜能归纳为以下10个方面。

语言组织	阅读理解、意愿表达、语言逻辑、写作能力
自我认知	自我评价、独立思考、情绪管理、完善自我
人际交往	察觉情绪、倾听沟通、协调合作、解决问题
发现创新	观察发现、发散思维、知识整合、发明创造
音乐感知	声音辨别、韵律感知、节奏把握、音乐表达
身体运动	动作协调、肢体平衡、反应敏捷、速度力量
空间感知	识别方位、空间想象、图像转化、形象思维
书法绘画	色彩识别、动手协作、空间布局、情境创设
动手操作	手脑协调、精细动作、动手实践、灵活操作
数理逻辑	数字概念、数理运算、逻辑推理、抽象思维

我们未知的潜能有许多，而想要知道自己有多大能力的唯一办法就是进行尝试。有的时候我们想要发挥自己的能力，还需要别人的帮助。

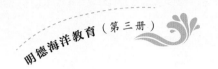

合作·分享

分小组研讨，我们应当如何挖掘自己的潜能？

"天生我材必有用。"我们对自己应当充满自信，不能妄自菲薄。

"每个人都是天才。"我们应积极地面对自己，挖掘潜能，全面发展。

碧海扬帆

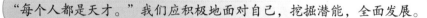

举办《我能行！》读书交流会

请你利用课余时间阅读图书《我能行！》。在充分准备的基础上，我们举办一次读书交流会，激励同学们树立自信、挖掘潜能、全面发展。

信息快艇

《我能行！》

《我能行！》是人民文学出版社出版的一部以诚实、勇敢、自信等当代少年必备素质为题材的短篇小说集，是一部融趣味性、艺术性、教育性于一体的纯儿童文学作品集。书中编入的小说的作者多为享誉世界文坛的大师，如高尔基、泰戈尔、亚米契斯等。这些小说皆取材于现实生活，情节生动、构思巧妙。

要认真阅读，并写好读书笔记，为举办交流会做好准备。

阅读时要注意联系自己的实际，寻找释放潜能方法，做更好的自己。

以 海 明 德

　　宽广深邃的海洋是人类的能源宝库，开发利用潜力巨大。海洋能源为人类社会的发展做出了巨大贡献。我们有着无限的潜能，承载着建设祖国的使命。让我们精神抖擞，信心百倍，开发自己的潜能，厚积薄发，做新时代好少年，做对社会有用的人才！

海之和

大海中也有"河流"

跨海越洋的漂流物

2008年年初，有人在美国阿拉斯加西部海边捡到了一个玻璃瓶，瓶子里面装着一封1986年西雅图一位名叫艾米的小学生写的信。信中写道："我正在研究海洋和生活在大洋彼岸的人们。如果有人捡到这封信，希望能联系我。"捡到瓶子的人按照信上所留的信息联系上了已近30岁的艾米，发现这瓶子被投入大海后，21年中独自漂流了近2 800千米。

无独有偶。生活在英格兰西南部的潘妮，2007年在离家不远的海滩上意外发现海面上漂浮着一只玩具鸭，便将其捞了起来。根据其身上标明的信息，她发现这是15年前因海上事故而坠入太平洋的一批玩具鸭中的一只。

问题榜 这些没有长脚、不会游泳的漂流瓶和玩具鸭，为什么能够漂洋过海呢？

一、海洋中洋流纵横

浩瀚的海洋，不只有汹涌的海浪。在海水中还有"河流"，这种"河流"称为海流或洋流。

观察·思考

陆地上有河流，在大洋中也有长年累月沿着比较固定路线流动的海水——洋流。

洋流是如何运动的呢？观察下图，思考风海流与信风带的关系。

你能在世界地图上找到主要洋流的大致路线吗？

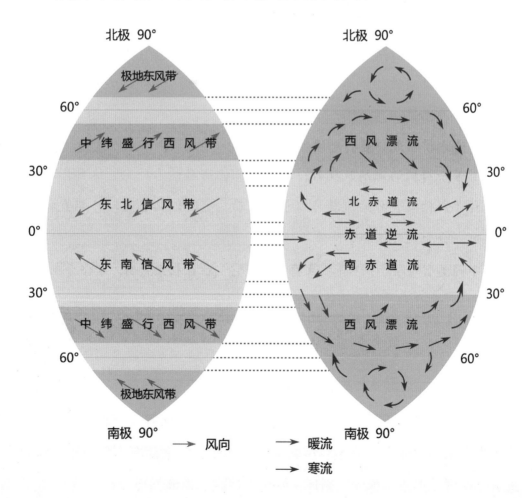

阅读下面的材料，了解海洋中为什么会有洋流，感悟洋流的奇妙。

洋流的形成

1. 海风吹送产生洋流

一些洋流是在风的作用下形成的。风吹海面，推动海水随风移动，并且上层海水带动下层海水流动，形成规模很大的洋流。这种洋流叫作风海流。大洋表层的洋流，大多属于风海流。

2. 海水温度和盐度不同产生洋流

不同海域海水温度和盐度（含有盐分的多少）的不同会使海水密度（单位体积海水的质量）产生差异。海水密度不均匀时，高密度水就有向低密度水流动的趋势，发生缓慢而持续的流动。这种密度差驱动的洋流称为密度流。

3. 海水挤压或分散引起洋流

当某一海域的海水减少时，相邻海域的海水便来补充，这样形成的洋流称为补偿流。补偿流既可以水平流动，也可以铅直流动。铅直补偿流又可以分为上升流和下降流。

不同类型的洋流并不是孤立存在的，它们往往相互影响，组合存在。

知道了这些，就不难理解漂流瓶和小黄鸭为什么会按一定的方向漂流了。

海洋中，处处发生着流动。洋流从一个地方流到另一个地方，而另一个地方原来也有海水，为了容纳新到来的洋流，原来的海水只能流到别的地方，这样就形成了整体性循环，好像人体内的血液循环。

海阔天空

一个利用洋流作战的故事

"二战"时，德国潜水艇利用直布罗陀海峡洋流，多次悄悄进出地中海袭击英法联军。地中海夏季炎热，盐度高，密度大；而相邻的大西洋与地中海相比，盐度低，密度小。这样，就造成大西洋的表层海水通过直布罗陀海峡进入地中海，而地中海盐度大的海水从底层流入大西洋进行水体循环。德国人利用此处海水流动的规律，出地中海时，关闭潜艇发动机，使潜艇降至海面以下比较深的水层，顺着海流到大西洋；而回地中海的时候，又将潜水艇升到比较浅的水层，关闭发动机，顺着表层海流溜回来，从而成功躲避了英法盟军的雷达侦察。

二、洋流功不可没

在人体内，血液是一种重要的"运输工具"，运载着营养物质、氧气及二氧化碳等，到人体的各器官组织发挥作用。其实，洋流在海洋中也是一种重要的"运输工具"，而且给人类带来了巨大利益。因此，洋流被形象地比喻为"海洋的血液"。

人体中的血流示意图

操作·体验

查阅资料，了解洋流在气候调节中的作用，体验洋流的威力。

信息连线

暖流与寒流

暖流使所经海域和它上空的大气得到热量、增温增湿。以湾流（墨西哥湾暖流）为例说明。湾流水温很高，特别是冬季，可比周围的海水高出8℃。刚出海湾时，水温高达27℃～28℃。它散发的热量相当于北大西洋所获得的太阳光热的1/5。它像一条巨大的永不停息的"暖水管"，携带着热量，温暖了所经过地区的空气，并在西风的吹送下，将热量传送到北美洲东岸、西欧和北欧。

寒流使所经海域和它上空的大气失去热量、减少湿度。例如，北美洲的拉布拉多沿岸，由于受寒流的影响，一年要封冻9个月之久。

川流不息的洋流是地球上热量转运的重要动力。因而，洋流对调节地球上的气候有至关重要的作用。

观察·思考

北海道渔场是世界四大渔场之一。请查阅地图等资料，看看北海道附近海域有哪些洋流经过，并思考此处能成为世界级大渔场的原因。

信息快艇

洋流——大型渔场的"建造者"

世界级大型渔场，往往处在寒流与暖流交汇的海区。寒、暖洋流带来种类各异的鱼群。寒流和暖流交汇的海区，海水受到扰动，上升的洋流将下层营养物质带到表层，为海洋生物提供丰富的饵料，有利于鱼类大量繁殖；两种洋流还可以形成"水障"，阻碍鱼类向外活动，使得鱼群集中。

合作·分享

2013年8月19日至20日，大约300吨的高浓度放射性污水从日本福岛核电站地面储水罐泄漏。不过，2013年8月24日我国的海洋监测部门公布的监测结果显示，日本福岛核事故放射性污染物对我国管辖的海域尚未有直接影响。

请了解日本周围海域的洋流情况，小组研讨当时我国为什么暂时不会受到福岛放射性污水的影响。

海阔天空

洋流与海洋污染

以海洋石油污染为例。洋流能对海洋石油污染起到清理和缓解作用，但是也会把污染带到大洋的深处，使污染散布到全球。也就是说，洋流暂时把污染严重的地区清理了，但是却把大洋深处以及人类难以到达的地方污染了。

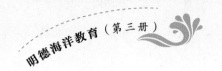

洋流与我们人类的关系十分密切，现在科学家正在加强对洋流的研究，以便进一步认识洋流、把握洋流和利用洋流。

三、交流与沟通是和谐与稳定的保障

洋流是各海域间互通有无的"使者"，维护了海洋生态系统的稳定，使得海洋生生不息。人类建设和谐社会、构建人类命运共同体，同样离不开彼此的交流与沟通。

合作·分享

美国的实业家、曾经的石油大王洛克菲勒说："假如人际沟通能力也是同糖或咖啡一样的商品的话，我愿意付出比太阳底下任何东西都昂贵的价格购买这种能力。"

分小组研讨，交流与沟通具有哪些重要意义？人与人之间如何进行有效的交流与沟通？

海阔天空

经典故事：半途而废的通天塔

《圣经·旧约》上说，人类的祖先在底格里斯河和幼发拉底河之间发现了一片肥沃的土地，在那里定居下来。那时候人们语言相通，配合默契，劳动效率高，建造了繁华的巴比伦城。人们为自己的劳动成绩感到骄傲，决定修一座通天的高塔纪念。大家同心协力，阶梯式的通天塔修建得非常顺利，很快就高耸入云。上帝看到人类世界统一强大，又惊又怒，心想，人们讲同样的语言，沟通顺畅，万众一心，能建起这样的通天巨塔，日后还有什么办不成的事情呢？于是，上帝让人类世界语言不再统一。不同地方的人们操起不同的语言，相互间无法交流，难免出现猜疑和争吵。通天塔工程因语言不通、纷争不断而半途而废。

沟通是人类社会的重要交流形式，无论是在家里还是在学校里，我们都需要与别人沟通。

在学习上，我们需要不断地进行交流，交流可以帮助我们取长补短，获得新知识和新技能。

碧海扬帆

举办"加强交流沟通 构建和谐班级"主题班会

人人开动脑筋、出谋划策，明确班会的目标与任务、时间与地点、资料与用品、方法与程序等，举办一次生动活泼、切实有效的主题班会。

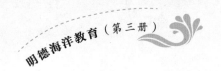

人人都要做班级的小主人，积极主动地投入班会准备工作。

每个人都写一份策划案，然后编辑成册。这也是班会的一个重要成果。

以 海 明 德

洋流把地球上的大洋联系在一起，使全球大洋得以保持其各种水文、化学要素的长期相对稳定。人类，同样需要交流与沟通，以汇集经验与知识，凝聚团队共识，促进社会发展，建设和谐世界，形成人类命运共同体。我们要学会交流与沟通，善于交流与沟通，为构建和谐班级、和谐学校、和谐社会、和谐世界贡献力量。

鹦鹉螺给我们的启示

——睹青岛鹦鹉螺仿生建筑的风采

2013年，全球最大的螺形建筑在青岛落成，它就是青岛东方影都展示中心。其建筑设计的创意灵感源自海洋"活化石"——鹦鹉螺。青岛东方影都展示中心总建筑面积4 500平方米，高23米，直径跨度60米以上，室内主跨东西长56米、南北进深42米。这只"鹦鹉螺"内部结构非常复杂，整个工程设计图用电脑三维技术设计完成，采用了3 000多个结点、上万个杆件，共使用了2 400吨复杂异型钢构件。整座建筑气势恢宏，具有鲜明的海洋特色。

青岛东方影都展示中心

2017年，青岛再添螺形建筑——青岛东方影都大剧院。青岛东方影都大剧院总建筑面积为2.4万平方米，地下2层，地上4层，建筑高37.5米，内部共有1 970个座位。此建筑设计概念选取"碧海银螺"意象，有着动

感的整体造型、仿生立面肌理，形似耸立海岸边的银色海螺，"时尚"与"文化"交融，呈现出地域特色。

青岛东方影都大剧院

问题榜

1.人们为什么要仿照鹦鹉螺和海螺来建造建筑物？

2.除了仿照鹦鹉螺和海螺的建筑外，还有仿照其他海洋生物设计的物品吗？

3.这种仿照有什么意义？

一、有一门学问叫仿生

人们之所以会仿照鹦鹉螺和海螺建设房屋，是因为它们具有鲜明的特点。

观察·思考

观察鹦鹉螺图片，思考鹦鹉螺壳有什么特点。

了解了鹦鹉螺壳的特点，我们就会明白人们为什么要仿造鹦鹉螺建房子了。

信息快艇

漂亮的鹦鹉螺壳

鹦鹉螺壳呈螺旋形盘卷，表面白色或者灰白色，生长纹从壳的脐部辐射而出，平滑细密，多为红褐色。鹦鹉螺整个外壳光滑，形似鹦鹉嘴，故而得名。鹦鹉螺美丽的螺旋形结构经常赋予设计师们丰富的灵感。

海阔天空

鹦鹉螺

鹦鹉螺属于头足纲鹦鹉螺目鹦鹉螺科，现有2属。鹦鹉螺仅分布于印度洋和太平洋热带、亚热带水域。鹦鹉螺和与其亲缘关系较近的菊石在中生代十分繁盛。然而，经过激烈的物种生存竞争，菊石惨遭灭绝，鹦鹉螺却顽强地生存了下来。鹦鹉螺虽已在地球上经历了数亿年演变，但外形、习性等变化很小，故被称作海洋"活化石"。

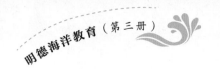

　　鹦鹉螺不仅外壳漂亮，其内部结构也十分精妙，内腔被分割成30多个独立的小"房间"，"房间"之间有一根管子相互连接。其软体部藏于最后一个"房间"——住室，其余"房间"称为气室。鹦鹉螺的栖息深度通常大于100米，它们通过往"房间"内放入水或排出水来实现身体的升降。鹦鹉螺充分地发挥了身体内部构造的功能。

海中的鹦鹉螺及其内腔中的"房间"

　　其实，不仅青岛东方影都展示中心的建筑仿照了鹦鹉螺，还有很多建筑也是如此。

　　有一些物品也设计成了鹦鹉螺的样子。

操作·体验

　　查阅资料，了解形似鹦鹉螺和海螺的建筑和物品，思考建筑师是怎样进行仿生设计的。

信息快艇

各式各样的仿鹦鹉螺和海螺的建筑和物品

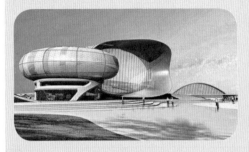

厦门五缘湾音乐厅

烟台海昌鲸鲨馆

秦皇岛的碧螺塔

宁波北仑的中国港口博物馆

仿鹦鹉螺壳的吊灯

仿鹦鹉螺壳的书架

信息快艇

《海底两万里》中的"鹦鹉螺"号

法国作家儒勒·凡尔纳经典科幻小说《海底两万里》讲述了阿龙纳斯教授跟随尼摩船长乘坐"鹦鹉螺"号潜艇，进行了一次神奇旅行的故事。"鹦鹉螺"号因此而名声大振。后来美国制造的一艘核潜艇也取名为"鹦鹉螺"号。

你看过《海底两万里》吗？没看过的话，不妨看一看，不仅有趣，还可以得到好多启发。

人们仿照鹦鹉螺等生物进行创造，这属于一门大学问——仿生学。仿生指人类从自然界中寻求灵感，模仿生物的构造与功能来进行发明创造的过程。

海阔天空

"鹦鹉螺小屋"的故事

许多人都好奇居住在贝壳中会是怎样一种体验。这一想法启发了墨西哥建筑师哈维尔·赛诺西。于是，哈维尔在墨西哥建造了一座名叫"鹦鹉螺小屋"的仿生建筑。

"鹦鹉螺小屋"外景

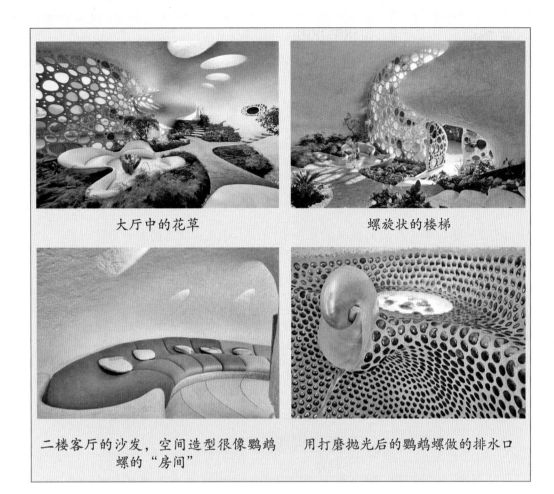

大厅中的花草　　　　　　　　　螺旋状的楼梯

二楼客厅的沙发，空间造型很像鹦鹉　　用打磨抛光后的鹦鹉螺做的排水口
螺的"房间"

二、仿生，异彩纷呈

从古至今，人类已经从自然界中得到无数灵感和启发，极大地丰富和方便了人类的生产和生活，推动着人类社会科学技术的发展。就拿飞机来说吧，意大利文艺复兴时期达·芬奇写下了《鸟类飞行手稿》，暗示人类开启空中旅行应向飞行动物学习，模仿它们的身体构造建造飞行装置。为此，他画出了500多幅图。到20世纪初，美国的怀特兄弟实现了人类历史上第一次成功的飞行器飞行。飞行器的设计几乎"抄袭"了鸟类的身体结构。

随着生产的需要，人们深刻认识到探索生物系统是研发新技术的主要途径之一，自觉地把生物界作为各种技术思想、设计原理和创造发明的源泉。1960年9月，美国召开第一届仿生学研讨会，正式宣告一门新的科学——仿生学诞生了。

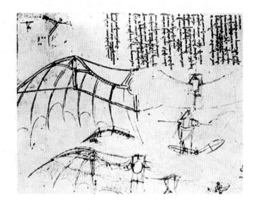

1500年前后达·芬奇绘制的翼状装置手稿　　怀特兄弟试飞的第一个飞行器

现在，仿生研究产生的产品设计异彩纷呈，仿生产品琳琅满目。

搜索·查询

查阅资料，了解仿生学发展的历史与现状。

信息快艇

海蜇与风景预测仪器

　　海蜇体内的感觉器中有钙质的平衡石，能接收到风暴来临前由空气和波浪摩擦而发出的次声波，于是海蜇就能在风暴来临前预知危险将要来临，立刻游离岸边到较深海域中避难。人们模拟海蜇的感觉器设计了风暴预测仪器——水母耳。这种仪器接收到风暴传来的次声波，可以提前十几个小时预报风暴的到来，并指示风暴来的方向。

海蜇

水母耳

海豚避障与声呐技术

海豚在追踪猎物、躲避障碍物时，头部会发出超声波。超声波遇到目标产生回声信号，海豚可以根据回声信号来判断猎物或障碍物的位置。海豚利用超声波，可以发现100米以外几厘米宽的物体，这就好比在足球场上发现一粒核桃仁一样。这样，海豚即使蒙上眼睛依旧可以准确避开海中的障碍物。通过对海豚这一本领的研究，人们制成"声呐"对水下目标进行探测、定位和跟踪，进行舰船导航、水中武器使用、鱼群探测、海洋石油勘探、水文测量等。

海豚

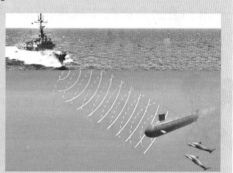

声呐技术

海阔天空

仿生学未来发展趋势

仿生学在国内外都得到极大的关注和蓬勃的发展。科学家正带着自动控制、能量转换、信息处理、力学模式和材料构成等大量技术难题，到生物系统中去寻找启迪。机器人技术的发展很好地体现了仿生应用的理念。机器人趋向小型化和多样化，将进一步采用仿生结构和中枢运动模式发生器制导系统，以适应各种作业环境。

路甬祥院士认为，经过30多亿年进化的生物世界是技术创新不可替

代、取之不竭的知识宝库和学习源泉。仿生学是诸多学科的交叉，需要生命科学家和多学科技术科学专家的共同关注与参与。仿生科学有无止境的前沿，正向微观、系统、智能、精细、洁净方向发展。仿生学将为我国科学技术创新提供新思路、新原理和新理论。仿生学随着科技与经济的发展而发展,也必将极大地推动未来学科和经济的发展。

其实，仿生并不神秘，它往往就在你的身边。

合作·分享

看到身边的动物或植物，你会产生哪些仿生创意？分小组议一议，大家互相分享。

仿生，要抓住动植物的特点，尤其是特殊功能。

大家要开动脑筋，大胆地想象。

资料巨轮

一些成功的仿生线索

1. 现代起重机的挂钩起源于许多动物的爪子。

2. 屋顶瓦楞模仿动物的鳞甲。

3. 船桨模仿的是鸭的蹼。

4. 尼龙搭扣模仿的是苍耳。

5. 烟幕弹是向章鱼学习的成果。

6. 拱形的承受力大是蛋壳给予的启示。

7. 改善飞机飞行时产生的剧烈抖动是"问师"蜻蜓的收获。

8. 迷彩服模仿的是蝴蝶身上的鳞片。

三、仿生，首要的是一种态度

"仿生"开辟了独特的技术发展道路，也就是向生物索取技术蓝图的道路。它大大开阔了人们的眼界，启迪了人们的智慧，显示出广阔的应用前景。事实证明，成功仿生首先需要有善于学习的态度。

阅读·感悟

阅读下面的故事，谈谈自己的感受。

鲁班发明锯的故事

一天，鲁班率领徒弟们带着斧头到山上砍伐木料。在爬一个小陡坡的时候，脚下一块石头突然松动了。鲁班急忙伸手抓住了路旁的一丛茅草。"哎呀"一声，他的手被茅草划破了，渗出血来。

这么不起眼的茅草怎么这么锋利呢？望着手掌上裂开的几道小口子，鲁班陷入了沉思。他忘记了伤口的疼痛，扯起一把茅草，细细端详，发现小草叶子边缘长着许多锋利的小齿。原来就是这些小齿把手划破了。

这时，鲁班心念一闪："要是我也用带有许多小锯齿的工具锯树木，不就可以很快地把木头锯开吗？那肯定比用斧头砍要省力多了。"

于是，他就请铁匠师傅打制了几十根边缘上有锋利的小锯齿的铁片，拿到山上试验。他和徒弟各拉一端，在一棵树上来来回回地锯了起来。这一工具果然好使，很快就把树木锯断了。鲁班给新发明的工具起了个名字，叫作"锯"。

合作·分享

分小组研讨鲁班为什么能发明锯。鲁班发明锯的过程对我们有什么启发？

学习五禽戏　体验古代智慧

五禽戏是由东汉末年著名医学家华佗在运动实践中创编的成套健身操，因模仿虎、鹿、熊、猿、鸟5种动物的动作和神态而得名。2011年，五禽戏被列入第三批国家非物质文化遗产名录。

利用视频资料等，请老师指导，学习五禽戏，体会我国古代智慧。

以海明德

　　海洋生物不但是人类的朋友，也是人类的老师。从古到今，人类社会的点滴进步，都源自人们的不断思考、学习——向大自然学习，从书本中获取丰富知识，向他人请教、取长补短……作为处于成长黄金阶段的小学生，我们更应该崇尚科学，勤于学习，善于观察和思考，勇于创新和实践，做新一代的创造者。

妈祖，人们心中的女神

海边聆听浪涛声声

妈祖海陆巡安

妈祖文化风行东南亚，受到人们的推崇。

2018年10月7日，作为2018年马来西亚妈祖国际文化旅游节活动的重头戏，盛大的妈祖祭典和声势浩大的妈祖海陆巡安活动在马来西亚吉隆坡举行。海上巡安路线全程长11海里（约20千米），巡安队由89艘船组成。陆上绕境巡安路线全程长达3.5千米，巡安队伍包括轿子队、旗队、龙狮团、锣鼓队、民族乐团的吹打乐队、杂技队伍以及高脚队等。海陆巡安场面十分壮观！

海上巡安实况

妈祖祭典

人们这样隆重地纪念妈祖，是为了传播妈祖"'立德、行善、大爱'精神"！

问题榜

1. 妈祖是怎样一位人物？
2. 妈祖为什么会受到人们的敬仰呢？
3. 妈祖文化为什么在海内外受到推崇？

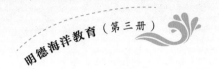

一、妈祖的传说

妈祖是宋代福建湄洲岛的一位普通少女，名为林默。

林默将要出生的那个傍晚，乡亲们看见流星划出一道红光，从西北天空射来，照得岛上的岩石都发红了。父母感到这个女婴不一般，便特别疼爱。

林默自幼聪明伶俐，8岁读书时不但能过目成诵，而且能理解文章的意思。长大后，她决心终生行善济人。她精研医理，为人治病，教人防疫消灾。她性情和顺，热心助人，只要能为乡亲排忧解难，她都乐意去做。人们遇到困难，也都愿意请她帮助。

妈祖画像

生长在海边的林默，既懂得天文气象，又熟悉水性。她善于预测天气变化，告知船户可否出航。湄洲岛附近海域有不少礁石，时有渔舟、商船遇险，而林默总能帮助他们脱险。所以，大家称她为"神女""龙女"。

北宋雍熙四年（987年）农历九月初九，年仅28岁的林默在海中救人时不幸遇难。为了纪念她，人们尊称她为"妈祖"。据说，人们在海上遇难时，只要祈祷"妈祖保佑"，妈祖就会闻声"显灵"，帮助人们逢凶化吉。

妈祖成为人们心中祈求健康平安、海运昌盛的"海上女神"。

妈祖雕像

操作·体验

根据林默的故事和你的想象，画一画你心中的妈祖。

席欣瑜　绘

王奕晨　绘

海阔天空

"妈祖装"与"帆船头"

　　每年农历九月初九是妈祖的祭祀日之一。这一天，湄洲女们梳好"帆船头"，穿上"妈祖装"，肩挑红纱笼罩的供品，来到妈祖庙拜谒祈福。

　　湄洲女独具特色的发型和服装来源于妈祖的传说。"帆船头，海蓝裳，红黑裤子保平安。"据说，妈祖喜欢穿红色的裤子。她经常下海救人，裤子下半截被海水打湿，远远看去像是黑色的，而上半截未湿的裤子依然呈红色。妈祖故乡的女子为求妈祖保佑平安，便把头发盘起，梳理成帆船的形状，象征着出海时一帆风顺。发髻的两旁各有一根波浪形的发卡，代表着船桨。盘在头顶发髻里的红头绳，象征着缆绳。这个发型整体像一艘船，象征着女子对出海亲人的祝福与思念。

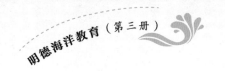

历史上关于妈祖的故事有很多。现选取2则，供你阅读，学习妈祖的高贵品质。

化草救商

相传妈祖在世时，有一次，一艘商船在湄洲岛附近海域遭遇大风浪又不幸触礁，即将沉没。岸上的村民见风急浪高，不敢前去救援。在这危急时刻，妈祖拔了几棵小草扔到海里。小草顿时变成了木筏来到了危在旦夕的商船旁，船上的人都得救了。

"圣泉"救疫

传说宋绍兴二十五年（1155年），兴化一带发生瘟疫，无药可治。妈祖托梦给一村民，说离海边不远的地下有甘泉，喝了可以疗愈疫病。第二天群众前去挖掘并取水饮用，果然灵验。消息传开后，远近人都来取水，络绎不绝。染疫的人全都得救了。这口井被誉为"圣泉"。

写写自己的读后感吧。

二、妈祖信仰的形成与传播

在我国，妈祖是影响广泛而深远的海神之一。

妈祖信仰兴起于宋代，源起于中国莆田湄洲岛。起初，妈祖只是东南沿海的一位地方神灵，受到沿海渔民的崇拜。后来，随着商人、船工、华侨等人口的流动，妈祖信仰沿着海洋，向四方传播到世界各地，成为海外华人的普遍信仰。

宋代，广东潮汕南澳岛建起潮汕第一座妈祖庙。明代（1624年）澎湖列岛首建妈祖庙后，妈祖庙日渐遍及台湾地区。清代，妈祖被封为"天后"。妈祖庙也称"天后宫"。目前全世界已有妈祖庙数千座。

观察·思考

观察下面的图片，思考妈祖文化为什么会有这么大的影响力。

湄洲妈祖庙圣旨门广场上纪念妈祖
诞辰1059周年升藩挂灯仪式
（吴伟锋　黄美珍　摄）

我国台湾台中大甲妈祖绕境活动
（陈小愿　摄）

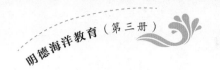

湄洲妈祖分灵加拿大多伦多
（林群华　摄）

日本横滨天后宫

关于妈祖信仰的介绍还有很多，你可以查阅资料进行了解。

海阔天空

妈祖信仰的影响力

　　民间信仰是地域文化的重要组成部分，它反映了一个地方的乡土特色和历史底蕴。世界上临近海洋的国家和民族的人们都会对他们所涉足的海洋进行各种各样的"人化"活动，也就产生了特有的海洋文化，包括各自信仰中的海洋神灵。妈祖信仰是我国民间信仰中一个重要的组成部分，也是东方海洋文化的典型代表。妈祖文化不仅拥有悠久的历史和广泛的

妈祖雕像

信众，也具有强大社会影响力。与西方海洋文化中的海神相比，妈祖端庄典雅，慈悲为怀，救苦救难，反映出和平、博爱、共存的精神。

　　（参考自戴一航.妈祖文化与海神信仰.语文学刊，2012：94，105）

阅读下面的材料，了解"妈祖信俗"列入《人类非物质文化遗产代表作名录》的经过，进一步体会妈祖信仰的影响力。

"妈祖信俗"申遗成功意义重大！这是我们中华民族的骄傲！

"妈祖信俗"申遗成功

2009年9月30日在阿拉伯联合酋长国首都阿布扎比举行的联合国教科文组织政府间保护非物质文化遗产委员会第四次会议审议，决定将"妈祖信俗"列入《人类非物质文化遗产代表作名录》，"妈祖信俗"成为我国首个信俗类世界遗产。

庆祝"妈祖信俗"申遗成功

1. 中国提名的"妈祖信俗"列入《人类非物质文化遗产代表作名录》，对该申遗对象简介如下：

作为中国最具影响力的航海保护神，妈祖是该信俗的核心，包括口头传统、宗教仪式以及民间习俗，遍布中国的沿海地区。妈祖诞生和成长在公元10世纪的湄洲岛，她致力于帮助她的同胞乡亲，并且因为试图营救海难中的幸存者而献身。湄洲渔民为纪念这位好姑娘，在岛上建庙并奉为海神。每年都会有两次正规的庙会来纪念妈祖，届时当地居民、农民和渔夫都会暂时放下他们的工作，并祭献海洋动物供奉妈祖像，表演各式祭祀舞蹈和其他演出。在全球5 000座妈祖庙和私人家中，其他各

类小规模的祭祀仪式也全年不停歇地进行着。这些祭祀活动中包括到湄洲祖庙谒祖、分神、供献鲜花，燃蜡烛、点香火和放鞭炮。晚上的时候居民会提着"妈祖灯笼"游行。信奉者们向妈祖求子、求平安、求解决困难的办法、求幸福。对妈祖的信仰和纪念已经深深融入沿海地区中国人以及他们后裔的生活，成为促进家庭和谐、社会融洽以及该信俗的社会团体身份认同感的一个重要的文化纽带。

2. 决定：保护非物质文化遗产委员会认为，"妈祖信俗"符合被列入名录的条件，其中包括：

条件1："妈祖信俗"被不同社会团体认可为身份认同以及连贯性的一个符号，并且数个世纪以来代代相传。

条件2：将"妈祖信俗"纳入名录将促进其作为非物质文化遗产的受瞩目度，并且提高其国际层面的受关注度，从而促进了文化多样性和人类的创造力。

条件3：该申遗活动中包括了各种各样的现行的、计划中的措施，以确保申遗活动的切实可行性和成功概率，例如调查研究、提高关注度并建立一个保护组织，从而展示了多方对于保护申遗对象的重视和努力。

条件4：本次申遗活动是由社会团体组织、乡村的委员会和各个妈祖庙首先发起的，他们通过提供相关的文献和文化遗产、审查提名文件的内容、接受采访以及规划保护措施等行为参与了申遗的过程；他们表现出对申遗对象自发的、事先获知、重视的同意态度。

条件5：该申遗对象已经被列入国家非物质文化遗产名录，受文化部非物质文化遗产部门的直接监管。

三、弘扬妈祖文化　讲好中国故事

妈祖行善济世、救急扶危，后人据此总结了"立德、行善、大爱"的妈祖精神。以妈祖精神为核心的妈祖文化，是我国不同时代的人们在颂扬和信仰妈祖的过程中所形成精神财富的总和，是中华民族重要的文化瑰宝。

千百年来，妈祖文化随着华人的脚步走向世界，成为不同肤色、不同民族、不同地区的人们共同的精神纽带和文化记忆。因此，我们要充分挖掘妈祖文化背后蕴含的当代价值、世界意义，在弘扬妈祖文化、中华优秀传统文化的同时，讲好中国故事，展现中国形象。

合作·分享

妈祖的故事是不是深深打动了你？以小组为单位构思歌颂妈祖的文章，写出来与同学们分享。

海阔天空

海上丝绸路　情结妈祖缘

海神传说缘悠悠，妈祖庙里写春秋。近年妈祖庙遍布我国沿海，东南亚、美洲、欧洲也有分布。据统计全世界共有妈祖庙数千座。妈祖拥有3亿多信众，来自40个国家和地区。随着影响力扩大，2009年10月，妈祖信仰入选联合国教科文组织人类非物质文化遗产代表作名录，成为全世界精神财富。

这位海上中国和平女神，就是风影，就是清气，就是云端的飞仙，演绎一幕幕动人故事。她的短暂一生虽未留下什么著作，但其博爱、扶弱济贫的高尚情操和英雄事迹穿越时空，芬芳了千年的大地，美丽了烟火人间。

如今，太平盛世，政通人和。习总书记提出"一带一路"伟大倡议，强调发挥妈祖文化重要作用，鼓舞人心。长乐文石钦赐天妃庙造化之机巧深得天地之韵津，必将成为我国东南海疆上一颗璀璨的明珠！

此时我不由得吟诵《画堂春·妈祖》："时逢盛世迎妈祖，看信众如云。焚香秉烛，虔诚礼拜，紫气氤氲。至尊神圣，安民报境，仁爱殷殷。灵光万道，升平景象，天下欢欣。"

（本文节选自第五届全球妈祖文化征文比赛作品，作者：林美芳，略有修改）

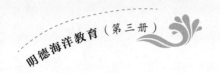

参观妈祖纪念地

参观天后宫等妈祖纪念地，将自己的所见所闻所感和查阅的有关资料制作一份手抄报。

资料巨轮

青岛天后宫

青岛天后宫始建于明成化三年（1467年），距今已有500多年。天后宫是一处集妈祖文化、海洋文化、民俗文化为一体的人文景观，是青岛市区现存的最古老的明清砖木结构建筑群，是山东省重点文物保护单位。

以海明德

妈祖热爱劳动，热爱劳动人民，行善济世，救急扶危，努力维护集体和人民的利益，有着"立德、行善、大爱"的精神。作为新时代的小学生，我们要学习妈祖的精神，在平日的生活中以德树人，助人为乐，维护国家、集体和人民的利益。

对海洋垃圾说不

海边聆听浪涛声声

地球又出现了"第八大陆"？

我们都知道地球上有七个大陆，即亚洲大陆、非洲大陆、北美洲大陆、南美洲大陆、欧洲大陆、大洋洲大陆、南极洲大陆，现在又冒出了个"第八大陆"。这是怎么回事？

原来，在美国加利福尼亚和夏威夷之间的太平洋水域，有一片巨大的海洋垃圾（主要是塑料）堆积区。这就是太平洋垃圾带。

2018年发表于英国《科学报告》中的一项研究表明，太平洋垃圾带的面积接近160万平方千米，超过法国、德国、西班牙国土面积的总和，而且还在以惊人的速度持续扩张。

太平洋垃圾带

太平洋垃圾带引人关注，有媒体将其称为"第八大陆"。

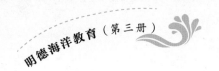

> 问题榜
>
> 1. 海洋垃圾从哪里来？
> 2. 海洋垃圾有什么危害？
> 3. 怎样治理海洋垃圾？

一、海洋垃圾正在肆虐

曾几何时，海子诗中的"面朝大海，春暖花开"是多少人心中美好的向往；谈及海洋，浮现在人们脑海中的或许是一望无际的蔚蓝。然而，令人想象不到的是，海水早已失去了昔日的纯净，被各种垃圾所污染。

操作·体验

查阅资料，了解海洋垃圾的现状，感受海洋垃圾污染的严重程度。

哪一段资料最让你触目惊心？请把它写出来。

还可以把有关图片下载下来。

信息快艇

何为海洋垃圾

海洋垃圾是指那些海洋和海岸环境中具持久性的、人造的或经过加工的固体废弃物，包括在海上或海岸随意弃置的物体，由河流、污水、暴雨或大风直接携带入海的物体，意外遗失的渔具、货物等。

信息快艇

海洋垃圾可分为海滩垃圾、海面漂浮垃圾和海底垃圾三大类。其中，海滩垃圾指存在于海岸环境中的垃圾，主要为塑料袋、聚苯乙烯塑料泡沫快餐盒、渔网和玻璃瓶等；海面漂浮垃圾主要指漂浮于海面和悬浮于海水中的垃圾，主要为塑料袋、漂浮木块、浮标和塑料瓶等；海底垃圾指沉积在海底的垃圾，主要为玻璃瓶、塑料袋、饮料罐和渔网等。

海岸垃圾

海中垃圾

海底垃圾

海阔天空

无处不在的海洋垃圾

据新华网2015年2月26日报道，英国帆船运动员伊恩·沃克向媒体讲述了他在一项环球航海比赛中遭遇海洋垃圾的经历。在全球不同海域上航行数月，沃克深深感受到，海洋越来越像是人类的一个垃圾场，装载着各式各样的源自人类社会的废品。

据评估，在大西洋东北部的边缘海——北海，每平方千米的海床上就有大约110件垃圾。

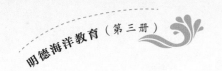
人口密集区和大洋环流区是海洋垃圾污染的重点区域。在人烟稀少的南、北极地区也出现了海洋垃圾。研究发现，北极地区的冰芯中含有塑料微粒。

塑料垃圾成了北极熊的"食物"

1991年，科学家造访皮特凯恩群岛的无人岛——迪西岛时发现岛上2.4千米长的海滩上就有950多件垃圾，这其中包括鞋子、帽子、塑料管、绳子、荧光管、灯泡、气雾罐、汽油罐、打火机、轮胎、硬盘、塑料衣架等。

我国载人潜水器"蛟龙"号从4 500米水深处带回的海洋生物样品中检出了微塑料。马里亚纳海沟挑战者深渊底层海水和沉积物中也有微塑料检出。自然资源部第一海洋研究所研究员在南极海域表层海水也发现了微塑料。

从海面到海底，从北极到南极，从浅海到深海，海洋垃圾已经无所不在。

合作·分享

分小组研讨，海洋垃圾是从哪里来的？

海洋垃圾中，陆源垃圾占绝大多数。

海洋几乎成了一个"塑料世界"。据说到2050年，海洋中塑料的总重量可能超过鱼类的总重量。塑料怎么会成为海洋垃圾的主角？

信息快艇

海洋垃圾种类多

塑料类：塑料原料，塑料瓶，塑料袋，一次性餐具，注射器、包扎带和手术手套等医疗废物，笔、梳子、鞋底等制品，塑料玩具，渔网，钓鱼线，绳子与捆扎带，塑料家具等。

从大海中打捞上来的海洋垃圾

橡胶类：手套，气球，雨靴，轮胎等。

木制品类：建筑木材，木箱，家具等。

重金属类：石油化工、冶金、制药厂所排出的污水中的汞、镉、铜、铅等。

其他金属类：铝制或锡制饮料罐，自行车，家电，汽车零部件，金属包装桶，金属板，铁链，金属工业废料等。

纸制品类：箱包，纸盒，纸杯，纸板箱和纸板件，报纸和杂志，纸巾等。

纺织品和皮革类：服装，手套，鞋子，布料，棉绳，装饰用织物，包扎带和棉签等。

玻璃和陶瓷类：碎玻璃，食品和饮料瓶罐，药瓶，灯泡与灯管，花盆、花瓶等。

正是以上这些看似再平常不过的生活和工业废品成为海洋垃圾的主要来源。它们受风和洋流的驱动，在海洋中"流浪"。

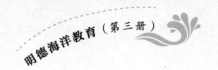

海阔天空

塑料制品：让人欢喜让人愁

塑料管道

现在塑料制品随处可见，是因为它具有优良的性能。① 塑料密度小，强度高。发泡塑料因内有微孔、质地更轻，大量用作建筑材料。② 塑料耐化学腐蚀性优良，可制作化工设备。③ 普通塑料都是电的不良导体，在电子工业上有着广泛应用。④ 塑料耐磨性好，有消声减震的作用。⑤ 塑料易加工成型，易于着色。⑥ 一般来讲，塑料导热性比较低。泡沫塑料的隔热、隔音、防震性更好。⑦ 有的塑料坚硬，有的柔软，有很大的使用选择余地。

塑料制品的大量生产与应用，必然带来大量的废塑料，令人头痛的是废塑料难降解，由此所造成的污染成为世界性环境难题。

难降解的废塑料制品

据统计，20世纪50年代初以来人类已经生产了83亿吨塑料制品，其中约63亿吨已成为塑料垃圾。现在，每年至少800万吨塑料进入海洋。

二、海洋垃圾——海洋与人类之痛

海洋垃圾既污染了海洋，又危害了人类。

观察·思考

观看下面的图片，谈谈自己的感受。

困在废旧渔网中的海龟

被海洋垃圾围困的鱼

鱼腹里的塑料碎片

海龟误食塑料袋

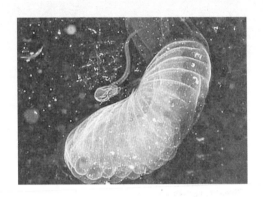

海洋垃圾覆盖的珊瑚礁，生物栖息地环境被破坏

深海中巨大幼形海鞘吞食微塑料

信息快艇

微塑料灾难

　　微塑料污染引起了国际社会的重视。微塑料，即粒径小于5毫米的塑料纤维、颗粒或者薄膜。按形成的方式，微塑料可分为初级微塑料和次级微塑料。初级微塑料指以微塑料颗粒的大小生产的塑料，如洗面奶中的角质清洁颗粒等。次级微塑料指大块塑料排入海洋后破碎产生的微塑料。

　　根据世界自然保护联盟的调查，微塑料的主要来源有轮胎、合成纺织品、船舶涂料、道路标记、个人护理产品、塑料颗粒和城市灰尘。

　　微塑料污染危害巨大。微塑料本身可能会释放有毒、有害物质，且容易吸附污染物。不仅体型较大的海狮、海豹和鲸类能够摄入环境中的微塑料，各种鱼类、鸟类甚至浮游动物、底栖蠕虫都能够摄入微塑料。微塑料对海洋环境、海洋生物的健康造成严重危害。

操作·体验

　　查阅资料，了解海洋垃圾是怎样危害人类健康的，感受海洋垃圾污染的严重性。

可以从人类和海洋生物之间的关系来讨论这个问题。

海洋垃圾严重危害海洋生物，最终也会影响人的身体健康。

海阔天空

海洋垃圾与海洋中的食物链

海洋中的食物链示意图

海洋垃圾本身含有的以及附着的化学物质进入海洋后，直接威胁海洋环境，并可能导致海洋动物中毒、不育甚至基因突变。例如，废弃纽扣电池进入海洋后，溶出的锰、汞、铬等重金属将会污染水体，并在贝类、鱼类等海洋生物体内蓄积。

有毒、有害物质进入海洋生物体内，不仅会破坏这些生物的生理功能，而且会沿着食物链传递、累积，浓度逐级升高，处于食物链较高营养级的动物（如海洋哺乳类或大型鱼类）体内该物质的浓度可能远远高出海水环境中该物质的浓度。人类食用了被污染了的海洋生物，健康就会受到严重威胁。

三、清理垃圾，拯救海洋

说到底，海洋垃圾的产生与人类活动有着极其密切的关系。要清理海洋垃圾、拯救海洋，就要从人类自身做起。

合作·分享

小组研讨，为了避免或减少海洋垃圾的产生应采取什么措施？

可从海洋垃圾的来源考虑应采取的措施。

操作·体验

查阅资料，了解咱们国家为了治理海洋垃圾都采取了哪些做法，感受国家治理海洋垃圾的决心。

查找资料时要从多个方面考虑，如制定法律法规、提高人们对海洋垃圾危害的认识、进行海洋垃圾监测、研究海洋垃圾的清理技术……

还要注意文明生产及合理处理垃圾。人人都养成良好的生活习惯，减少垃圾的产生，甚至把垃圾变废为宝。陆地上的垃圾处理好了，海洋垃圾自然就没有了或少了。

碧海扬帆

开展垃圾分类宣传活动

习近平总书记十分关心垃圾分类工作，强调要培养垃圾分类的好习惯，努力改善生活环境，为可持续发展做贡献。

我们要积极响应习近平总书记的号召，做好垃圾分类工作。

全班组织一次去社区宣传垃圾分类的活动。

要搞好宣传，首先要明确垃圾分类的意义和分类方式。

为了强化宣传效果，要提前做好准备，如排练节目、做好宣传栏、准备好宣传材料等。

以 海 明 德

海洋垃圾不仅危害海洋，也危及人类，破坏了人类与海洋之和谐。我们要行动起来，从自身做起，养成良好的生活、学习习惯，积极开展宣传活动，为消除海洋垃圾、保护海洋环境贡献力量。

海之容

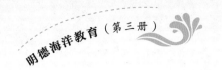

海洋那诱人的空间

从海底餐厅——"伊特哈"说起

在马尔代夫伦格里岛，建有世界上第一家四壁由透明的有机玻璃组成的海底餐厅。餐厅名为"伊特哈"，当地语为"珍珠"的意思。这颗"珍珠"位于温暖的印度洋水下5米处，长9米，宽5米，可容纳10余人就餐。"伊特哈"被绚丽的珊瑚礁环抱着，多姿多彩的

"伊特哈"海底餐厅

海洋生物在珊瑚礁间穿梭往来。在"伊特哈"里用餐，抬头间就能看到一群群鱼儿翩然游过，视觉的享受令人心旷神怡。

在海底建餐厅只是为了就餐时欣赏海洋世界的美景吗？其实，不全是这样。随着世界人口的增长，陆地空间越来越拥挤，人们把目光转向了海洋。有的国家建海底饭店、宾馆，有的国家建海底油库、粮仓，有的国家甚至在规划建设海底城市。在我国，2017年在天津举行的泰达"一带一路"海洋高端技术论坛上，包括海底住宿在内的一大批海洋装备项目规划亮相。未来，人们生活、工作在海底将不是梦。

在海底建餐厅、仓库、住所等，都是人们对海洋空间利用的探索。人们在海洋空间的利用方面已经取得了巨大成就。

1. 海洋空间指的是什么？海洋空间都可以用来做什么？

2. 海洋空间对人类的生存与发展重要吗？

一、海洋空间也是一种资源

海洋表面积为3.6亿平方千米，约占地球表面的71%；海洋的体积约为13.7亿立方千米，比海平面以上的陆地的体积要大10多倍。可想而知，海面上有多么大的空间，海底有多么大的区域以及海中有多么大的容积。这些，对人类来说，都是宝贵的资源，即海洋空间资源。

合作·分享

小组研讨，海洋中有生物资源、矿物资源等，为什么说海洋空间也是一种资源？

要注意，资源是指生产资料和生活资料的来源，它们与人类的生产和生活有密切关系。

信息快艇

海洋空间资源及开发利用

海洋空间资源是指与海洋开发利用有关的海岸带、海面、海中和海底的地理区域的总称。海洋空间资源开发是指为了发展生产和改善人们的生活，把海岸带、海面、海中和海底的空间用于交通运输，作为生产、储藏、军事、居住和娱乐等场所的海洋开发利用活动。

海洋空间资源具有广泛的应用领域，意义重大。

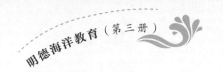

阅读下面的材料，了解海洋空间资源开发利用的领域。

阅读后结合实例进行思考，这样体会会更深刻。

还可以进一步查阅资料，了解更多、更详细的情况。

海洋运输

1. 海港码头：海港是船舶的停靠点和海运货物的转运场，一般建在岸边。

2. 船舶运输：船舶按航线在海上航行，可实现长距离运输且成本较空运、陆运低。

3. 海底隧道：可通火车、汽车，缩短运行距离。

4. 海上机场：一般建在填海建造的人工岛上、用堤坝围起来的浅海岸边，较为先进的是用栈桥技术或漂浮技术建成的。

5. 跨海大桥：多采用拉索式钢铁吊桥，以减少桥墩。

生产和生活

1. 海上工厂：把生产设备安装在海面的固定设施或浮动设施上，就地开发海洋资源。

2. 海洋城市：包括海面上的人工岛和海底的"海底城市"。

储藏和排废

1. 海洋储藏基地：海面和海底仓库、油库等。

2. 海洋倾倒场：利用海水的流动、稀释和自净能力，在不造成污染的情况下处理陆上垃圾。

军事与通信

1. 军事基地：包括海底导弹和卫星发射基地、水下武器试验场和作战指挥中心等。

2. 海底电缆和光缆。

二、海洋空间资源利用大放异彩

现在，世界上的沿海国家都十分重视海洋空间资源的利用；在改革开放的过程中，我国的海洋空间资源利用硕果累累。

观察·思考

一睹港珠澳大桥的风采

观看有关港珠澳大桥的视频或纪录片，了解港珠澳大桥的基本情况与重要价值。

信息快艇

"现代世界七大奇迹之一"——港珠澳大桥

港珠澳大桥是连接香港、珠海和澳门的桥隧工程，东起香港国际机场附近的香港口岸人工岛，向西横跨南海伶仃洋后连接珠海人工岛和澳门，止于珠海洪湾。桥隧全长55千米，跨海路段全长约35.6千米。

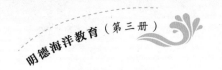

港珠澳大桥于2009年12月15日动工建设，于2017年7月7日实现主体工程全线贯通，于2018年10月24日上午9时开通运营。港珠澳大桥因其超大的建筑规模、空前的施工难度以及顶尖的建造技术而闻名世界，被英国《卫报》赞为"现代世界七大奇迹之一"。

港珠澳大桥的开通，有利于香港、珠海和澳门三地的人文交流，贸易往来，经济发展；有利于"一国两制"方针的实施，维护祖国繁荣昌盛。

阅读·感悟

我们青岛的海港建设已初具规模，请阅读下面的材料，谈谈自己的感想。

除了阅读下面的材料外，还可以查阅资料，了解青岛港的发展过程，体会改革开放带来的巨大变化。

青岛港全自动化集装箱码头创世界纪录

2018年12月31日9点26分，随着"桑托斯快航"轮最后一个集装箱卸船完成，青岛港全自动化集装箱码头传出喜讯：单机平均效率43.23自然箱/小时，打破了4月份创出的42.9自然箱/小时的世界纪录。在零下

6摄氏度的低温天气下，自动化码头发挥独特优势，系统、设备保障有力，装卸生产有序高效，顺利完成全船1 992自然箱作业并创出新世界纪录。船长亲自递交了写有"青岛港单机平均效率43.23自然箱/小时"的确认书，表示："本次作业的高效令我们感到非常惊喜，我们对青岛新前湾集装箱码头有限责任公司在本航次作业中创造的高效率和优质服务表示祝贺和感谢！"

全自动化集装箱码头再创新世界纪录

我国具有许多世界级的海港，如上海港、广州港、宁波港、青岛港、天津港等。大家可以查阅资料，进一步了解我国在海港建设方面取得的成就。

观察·思考

感受海底隧道之美

欣赏下面的图片并在网上搜索更多的图片，感受青岛胶州湾隧道之美。查阅资料了解青岛胶州湾隧道的重要价值。

有机会的话应当到青岛胶州湾隧道参观体验一下。

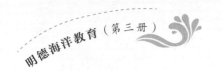

信息快艇

青岛胶州湾隧道

青岛胶州湾隧道全长约7 800米，其中隧道长5 550米（跨海域部分3 950米）。隧道设双向六车道，设计车速80千米／小时，抗震级别在7级以上。截至2010年，胶州湾海底隧道是世界建设规模最大、国内隧道长度第一、世界上长度第三的海底公路隧道，也是继厦门翔安隧道后国内的第二条海底隧道。

　　我国在海洋空间资源利用方面取得的成就还有很多，大家可以查阅资料进一步了解。

　　人类自古以来就知道围海造田利用海洋空间。随着科技进步，人们正在运用各种技术手段积极开拓海上、海中和海底空间资源。

海上石油开采平台

三、人生舞台精彩无限

　　海洋有着巨大的空间，为人类的生存与发展搭建了广阔的舞台。而我们每个人都有自己的人生舞台。我们小学生，正在成长时期。党和国家为我们的发展创造了良好的条件。我们要不断地磨炼意志，努力学习知识，提高自己各方面的能力，这样我们人生路才会更宽广，我们在将来才能有更大的作为，我们的人生舞台才会精彩无限。

合作·分享

小组研讨，为了能够充分利用人生大舞台实现更大的作为，我们应当怎样做？

海阔天空

关于人生的名人名言

君子之行，静以修身，俭以养德，非淡泊无以明志，非宁静无以致远。

——诸葛亮

一个人的价值，应该看他贡献什么，而不应当看他取得什么。

——爱因斯坦

人的一生可能燃烧也可能腐朽。我不能腐朽，我愿意燃烧起来！

——奥斯特洛夫斯基

人的价值，并不是用时间，而是用深度去衡量的。

——列夫·托尔斯泰

你若要喜爱自己的价值，你就得给世界创造价值。

——歌德

碧海扬帆

歌颂"人生大舞台"

高声朗诵《人生大舞台》，激发热爱生活、努力进取的热情。

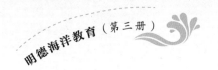

人生大舞台

人生是个大舞台，每个人都想展现自己的风采；要做最好的演员，就得对生活无比热爱。人生是个大舞台，每个人都有自己的所爱；要做最好的自己，就得永远和时间比赛。走好人生大舞台，莫要犹豫，更不要徘徊；走出优雅，走出自信，走出生命的精彩。

热情地歌唱之余，我们要一步步做好规划，让自己在人生舞台大放异彩！

以海明德

海洋空间资源开发潜力巨大；人生的路上机遇无限。每一个人的潜能也是无限的。我们现在可以对自己的人生进行规划，培养良好的品格，拓宽视野，努力学习，全面发展，让自己的人生大舞台精彩不断。

聚焦海上丝绸之路

世人盛赞"一带一路"

2019年4月25日至27日，第二届"一带一路"国际合作高峰论坛在北京举行。论坛的主题是"共建'一带一路'、开创美好未来"。来自150个国家、92个国际组织的6 000余名外宾参加了论坛，包括中国在内的38个国家的领导人以及2位国际组织负责人出席圆桌峰会。

第二届"一带一路"国际合作高峰论坛
在北京雁栖湖国际会议中心召开

第二届"一带一路"国际合作高峰论坛标志

2013年9月和10月习近平主席在出访中亚和东南亚国家期间，先后提出共建"丝绸之路经济带"和"21世纪海上丝绸之路"。"一带一路"就是"丝绸之路经济带"和"21世纪海上丝绸之路"的简称，旨在借用古代"丝绸之路"的历史符号，高举和平发展的旗帜，积极发展与沿线国家的经济合作伙伴关系，共同打造政治互信、经济融合、文化包容的利益共同体、命运共同体和责任共同体。

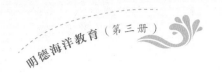
国际社会对"一带一路"倡议给予了高度评价。截至2019年3月3日，同中国签署合作文件的国家和国际组织的总数已经达到152个。

海洋面积约占地球表面积的71%。世界上80%的都是沿海国家，多于2/3的人口居住在沿海地区。因此，开辟和发展"海上丝路"意义重大。

问题榜

1. 海上丝绸之路的航线都有哪些？
2. 建设海上丝绸之路的重大意义是什么？
3. "一带一路"承担着什么样的历史使命？

一、古代海上丝绸之路的辉煌

丝绸之路是中国古代经中亚通往南亚、西亚以及欧洲、北非的陆上贸易通道。因大量中国丝和丝织品多经此路西运，故称丝绸之路，简称丝路。这条贸易通道很早就已存在。自商、周至战国时期，我国丝绸的生产技术已发展到相当高的水平。那时中国丝绸已经西北各民族之手少量地辗转贩运到中亚、印度。在这条横贯亚洲内陆的东西交通大道上，大宗的中国丝绸源源不断地运往中亚、西亚，再传入欧洲。除了商品之外，我国的冶铁、井渠法等先进技术也传往异域；西方的葡萄、石榴、胡桃等特产，以及印度的佛教、音乐、舞蹈、绘画等也先后传入我国。丝绸之路呈现出"驰命走驿，不绝于时月；商胡贩客，日款于塞下"的景象。

丝绸之路

然而，在这一片繁华的背后，也充满了艰险。商人带领驼队要穿过茫茫大漠，在天山脚下蜿蜒的山路上艰难前行，其路程之遥远、路途之艰辛，常人难以想象。不仅如此，陆上贸易所需经过的地区，设置有重重关口，加重了商人的税。许多强悍的部落不时侵扰来往商队，给商人的安全造成很大的威胁。种种不利的因素，严重阻碍着陆上丝绸之路的发展。

与此同时，由于航海技术不断进步，海运运载量大、运输路程远，且港口靠近商品的产地和消费地，海上运输渐渐成为重要的交通方式。

操作·体验

查阅资料，了解古代海上丝绸之路的航线、经过的海域和重要港口。

请把经过的海域和港口所在国家的名称记录下来。

资料巨轮

泉州，西方称"刺桐"（Zaitun），在马可·波罗的游记里被誉为"东方第一大港"，是海上丝绸之路高峰期（公元12—14世纪）世界性的经济文化中心。1991年，联合国教科文组织在海上丝绸之路综合考察中，对泉州保存的丰富多元的海上丝绸之路

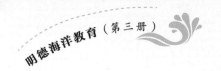

历史文化遗存表示赞赏，将其认定为海上丝绸之路起点。

海上丝绸之路，是从中国东南沿海港口出发，穿越南海，经马六甲海峡，跨印度洋进入波斯湾、红海，远达西亚和非洲东岸的海上贸易商路，主要有两条航线。一条是从中国东南沿海港口往南穿过南海，进入印度洋、波斯湾地区，远及东非、欧洲；另一条是从中国沿海往东，到达朝鲜、日本。这条海上通道形成于秦汉时期，在三国魏晋时期得到发展，隋唐宋元时期走向繁荣，明初达到鼎盛，此后开始衰落。它是古代连接东西方，实现人员往来、货物流通、文化交流的重要海上航道。海上丝绸之路接过了陆上丝绸之路的历史使命，把丝绸、茶叶、瓷器等运送到远方，为古代中外贸易往来作出了巨大贡献。

海阔天空

丝绸之路

丝绸之路始于汉代。汉武帝时期，张骞两次出使西域，访问了中亚、南亚以及西亚各国。由于天山和昆仑山两大山脉之间横亘着塔克拉玛干大沙漠，因此从不同的关隘出西域，就顺应自然地势形成了南、北两条道路。从此各国使者都依循张骞开辟的道路开始了频繁的往来。

"张骞出使西域"壁画

山东半岛与海上丝绸之路

秦代，涂福一行从山东半岛漂洋过海到朝鲜半岛，再南下到达日本列岛。汉代至隋唐时期，此海路一直畅通，路线为由山东的登州（现蓬莱），经庙岛群岛到辽东半岛，再到朝鲜半岛的南部沿海，过日本的对马岛到日本的九州。盛唐时期，东亚诸国的贸易使团来往中国，使得此海上航路更加繁荣。北宋至明清时期，由于战乱和禁海，此海路上民间交往受到影响，但官方贸易和交往仍然频繁。

海上帆船

二、21世纪海上丝绸之路的新活力

在中国与东盟建立战略伙伴关系10周年之际，为了进一步深化中国与东盟的合作，习近平主席提出建设"21世纪海上丝绸之路"构想，这是新形势下，中国走向世界以及实现与沿线国家合作共赢的新型贸易之路。

合作·分享

阅读下面的材料，根据世界地图，小组同学一起尝试着画出21世纪海上丝绸之路航线图，在图上标出所经过的海域和重要的港口。

大家要分工合作啊！

21世纪海上丝绸之路

近洋航线：中国到南海周边国家。

1. 中国—越南：主要停靠港口有胡志明市、海防市等。

2. 中国—菲律宾：主要停靠港口有马尼拉、宿务等。

3. 中国—新加坡、马来西亚：主要停靠港口有新加坡港、关丹港、巴生港、槟城港及马六甲等。

4. 中国—泰国、柬埔寨：主要停靠港口有海防、林查班、曼谷、宋卡各磅逊等。

5. 中国—印度尼西亚：主要停靠港口有雅加达、苏腊巴亚、三宝垄等。

6. 中国—北加里曼丹：主要停靠港口有文莱的斯里巴加湾，马来西亚的米里、古晋等。

远洋航线：中国到孟加拉湾、阿拉伯湾、波斯湾、红海、地中海周边国家。

1. 中国—孟加拉湾：主要停靠港口有仰光、吉大港、加尔各答、马德拉斯等。

2. 中国—斯里兰卡周边国家：主要停靠港口有科伦坡等。

3. 中国—阿拉伯湾、波斯湾周边国家：主要停靠港口有孟买、卡拉奇、阿巴斯、迪拜、哈尔克岛、科威特、多哈、巴士拉等。

4. 中国—红海周边国家：主要停靠港口有亚丁、吉达、亚喀巴、苏丹等。

5. 中国—东非：主要停靠港口有摩加迪沙、蒙巴萨、达累斯萨拉姆、马普托、路易港。

6. 中国—地中海周边国家：主要停靠港口有敖萨、康斯坦萨、瓦尔纳、伊斯坦布尔、里耶卡、威尼斯、热那亚、马赛、巴塞罗那、巴伦西亚、亚历山大、的黎波里、班加西、突尼斯、阿尔及尔等。

观察·思考

观看《穿越海上丝绸之路》纪录片。

《穿越海上丝绸之路》纪录片截图

这部纪录片包括《寻路》《家承》《原乡》《连枝》《薪传》《问道》《脉缕》《轮回》8个篇章，展现了海上丝绸之路的前世今生。

观看后不要忘了写写观后感并与同学们交流分享。

阅读·感悟

查阅资料，了解21世纪海上丝绸之路的重大意义。

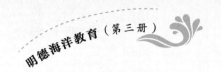

信息快艇

21世纪海上丝绸之路的价值所在

21世纪海上丝绸之路不仅传承并发扬了古代"海上丝路"的价值，而且在现代经贸科技发展的环境中肩负着促进人类社会进步的光荣使命。

21世纪海上丝绸之路是一条文明传播之路。它使人类对海洋、对地球、对人类本身有了更全面、深刻的了解。丝绸之路的开辟和拓展不断扩大着人类的活动领域、延伸着人类文明的足迹，促进着人类文明程度的提高。

21世纪海上丝绸之路是一条开放与多元之路。多个国家、多个民族参与，不同经济、政治和社会制度并存，不同文化传统交流，使它成为一曲丰富多彩的、多元共存、韵味无穷的交响乐。

21世纪海上丝绸之路是一条包容与和平之路。它倡导的是多元基础上的包容，是平等与和平，是合作共赢，是取长补短的共存，是一条人类可持续发展的康庄大道。

21世纪海上丝绸之路是新时期促进国内经济转型、促进经济结构调整、扩大和优化对外开放的新引擎。

三、"一带一路"："丝绸之路经济带"与"21世纪海上丝路"的融合

观察·思考

观看视频《五年记：了解中国倡议的"一带一路"》，了解"一带一路"的重大意义和取得的辉煌成就。

观看后，分小组谈谈自己的感想。

"一带一路"的重要使命

　　"一带一路"是作为世界经济增长火车头的中国，将自身的产能优势、技术与资金优势、经验与模式优势转化为市场与合作优势，实行全方位开放的一大创新。"一带一路"建设中，中国与沿线国家分享优质产能、共商项目投资、共建基础设施、共享合作成果，主要内容包括设施联通、贸易畅通、货币融通、政策沟通、民心相通"五通"。

　　"一带一路"肩负着三大使命：

　　探寻经济增长之道：中国将着力推动沿线国家间实现合作与对话，建立更加平等均衡的新型全球发展伙伴关系，夯实世界经济长期稳定发展的基础。

　　实现全球化再平衡：在国际社会推行全球化的包容性发展理念，推动建立持久和平、普遍安全、共同繁荣的和谐世界。

　　开创地区新型合作：强调共商、共建、共享原则，给21世纪的国际合作带来新的理念。

海阔天空

"一带一路"成果掠影

中国企业承建的马尔代夫维拉纳国际机场新跑道

中国电力建设集团在阿根廷承担实施的阿根廷丘布特省罗马布兰卡风电项目

中欧班列在欧洲的重要集散地——德国杜伊斯堡场站

中国电子进出口有限公司总承包建设的斯里兰卡首都科伦坡的莲花电视塔

由中国企业承建并参与融资的光伏发电项目——埃及本班光伏产业园

由中国路桥公司承建的莫桑比克马普托跨海大桥

争做宣传大使

世界很多国家加入了"一带一路"倡议。请同学们4～6人一组，围绕"一带一路"中的一个国家，开展研究性学习，制作手抄报，撰写报告，同时利用一节课时间将这个国家的风土人情、历史、经济、文化等通过服装表演、推介等形式向大家宣传展示。

以 海 明 德

习近平指出，这个世界越来越成为你中有我、我中有你的命运共同体，和平、发展、合作、共赢成为时代潮流。我国提出"一带一路"倡议，将中国和世界紧密地联系在了一起，充分体现出我国勇于担当的意识和共赢发展的理念。在学习、生活中，我们也应学会合作共赢，勇于担当，做新时代的小学生。

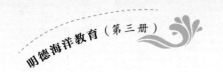

走向海洋，走向辉煌

青岛，打造全球海洋中心城市

青岛海洋资源禀赋独具优势，海洋生态环境良好，海洋科技实力雄厚。作为"依海而生、向海而兴"的城市，青岛站在新的历史起点上，肩负着经略海洋的使命，拉开了打造全球海洋中心城市的序幕。

全球海洋中心城市应是全球航运中心，港口物流业发达；应是全球海洋科技中心；应具有完备的海洋金融、海事法律等高端海洋服务业；应具有宜居宜业的城市环境，能够吸引国际高端人才；应具有突出的区位优势，城市发展后劲大；应在全球海洋治理中扮演重要角色。

对照"全球海洋中心城市"的建设要求，青岛正立足于海洋科研机构云集、海洋高端人才荟萃、海洋产业体系完整、海洋创新能力强大的优势，着力提升城市能级，提升城市区域影响力和在全球城市体系中的地位，以崭新的姿态，在蓝色的"沃土"上走出独具特色的"国际范"。

问题榜

1. 青岛发展海洋经济的优势是什么？
2. 海洋强国战略的主要内容是什么？
3. 实施海洋强国战略的重大意义有哪些？

一、走向海洋，向海而兴

中国海岸线绵长。大陆海岸线北起辽宁的鸭绿江口，南到广西的北仑河口，长约1.8万千米。加上所有的岛屿海岸线，中国海岸线总长超过3.2万千米。按照《联合国海洋法公约》的规定，中国可主张管辖的海域约有300万平方千米。中国有1万多个岛屿，有4亿多人生活在沿海地区。所以，中国既是一个陆地国家，又是一个海洋大国。被世人称为"东方巨人"的中国，正挺起健壮的"身躯"，面迎浩瀚、丰饶的海洋，蓬勃发展。

观察·思考

观看中国纪录片《走向海洋》第一集。

信息快艇

《走向海洋》

《走向海洋》是国内首部以历史和发展眼光关注海洋文化的大型纪录片。该片以中国数千年海洋发展史为纵坐标，以西方大国崛起的海洋探索为横坐标，以中国融入全球化体系为时代背景，警示国人勿

忘"背海而亡、向海而兴"的历史经验，呼吁建立海陆统筹、和谐发展的现代中国海洋战略，为实现中华民族的伟大复兴而奋斗。

合作·分享

1. 说一说：以小组为单位，说说你从纪录片中都看到了什么。

2. 议一议：中国走向海洋经历了怎样的历程？

> 讨论后，请各小组选一位代表在全班交流，向大家分享你们的看法。

海阔天空

中国必须走向海洋

  中国是一个海洋国家，有着浪长的海岸线，中国的造船技术也曾一度领先于世界，但是在浪长的时间，中国主要是以耕地为生，没有做到"海陆并重"。明朝的郑和七下西洋，是中华民族走向海洋文明的一大步，但之后明朝和清朝皆实行禁海政策。闭关锁国给中国带来了巨大灾难。在一场本来势均力敌的海战———甲午海战中清朝的海军几乎全军覆没。近代中国的屈辱多来自海上。历史告诉我们一个道理："落后就要挨打！"

第一次鸦片战争开启了中国近代屈辱史

中国近代不平等条约

> 在陆地空间和资源承受着人类社会、经济发展巨大压力的当今，海洋在政治、经济、军事等方面的地位进一步凸显。世界沿海各国竞相开发蓝色经济，对海洋权益的争夺日趋激烈。"向海而荣，背海而衰"，中国必须走向海洋。

2013年7月30日，在中共中央政治局第八次集体学习时习近平总书记强调，21世纪，人类进入了大规模开发利用海洋的时期。海洋在国家经济发展格局和对外开放中的作用更加重要，在维护国家主权、安全、发展利益中的地位更加突出，在国家生态文明建设中的角色更加显著，在国际政治、经济、军事、科技竞争中的战略地位也明显上升。

当前，中国经济已发展成为高度依赖海洋的外向型经济，对海洋资源、空间的需求大幅提高，在管辖海域外的海洋权益也需要不断加以维护和拓展。这些都需要通过建设海洋强国加以保障。

阅读·感悟

认真学习习近平总书记关于海洋强国的重要指示，深切感受习近平总书记的海洋情怀。

操作·感悟

查阅资料，了解我国海洋强国战略的具体内容，体会实施海洋强国战略的重大意义。

要明确实施海洋强国战略的含义、意义。

还要知道建设海洋强国的具体举措有哪些。

信息连线

建设海洋强国的意义

加快海洋强国建设，源于中国海洋意识的空前提升。党的十八大提出建设海洋强国的战略目标，党的十九大报告进一步提出"坚持陆海统筹，加快建设海洋强国"的战略部署，这对维护国家主权、安全、发展利益，对实现全面建成小康社会目标，进而实现中华民族伟大复兴都具有重大而深远的意义。

加快海洋强国建设，源于海洋在国际政治、经济、军事、科技竞争中的战略地位明显上升。海洋在全球性大国竞争中一直扮演着重要角色，海洋是我国实

现可持续发展的重要空间和资源保障。

加快海洋强国建设，源于新时代中国国内、国际两个大局的统筹考虑。我国将坚持陆海统筹，坚持走依海富国、以海强国、人海和谐、合作共赢的发展道路，通过和平、发展、合作、共赢方式扎实推进海洋强国建设。

加快海洋强国建设，是实现新时代中国特色大国外交总目标的需要，是构建人类命运共同体和新型国际关系的重要载体，可以大力推动建设持久和平的世界、普遍安全的世界、共同繁荣的世界、开放包容的世界、清洁美丽的世界。

三、海洋强国，成就辉煌

自党的十八大作出了建设海洋强国的战略部署以来，我国海洋事业取得了一系列辉煌成就，进入历史上最好的发展时期。

操作·感悟

从以下几方面查阅资料，了解我国实施海洋强国战略以来取得的巨大成就，体会海洋强国战略硕果累累的喜悦和自豪。

1. 深度参与全球海洋治理，践行人类命运共同体理念。
2. 海洋生态文明建设在国家生态文明建设中的角色更加显著。
3. 海洋经济转型升级步伐加快。
4. 海洋服务保障水平大幅提升。

除了以上4个方面，可通过上网查询或查阅资料了解取得的更多成就。

查阅资料时要注意结合具体的实例来思考。

在中国人民海军成立70周年海上阅兵纪念活动上，习近平发表了重要讲话，倡导要构建"海洋命运共同体"。中国是构建海洋命运共同体的主力军，在促进海洋安全、海洋经济、海洋环境方面将发挥更大的作用。

受阅舰艇

合作·分享

分小组查阅资料并研讨，为实施海洋强国战略、构建海洋命运共同体，今后国家将采取哪些重大措施？

每小组选一人为代表，在全班交流，分享你们的观点吧。

海阔天空

《山东海洋强省建设行动方案》"行动方向"

1. 活力海洋。坚持科技创新和体制机制创新双轮驱动，集聚高端海洋创新资源，培育海洋经济发展新动力；营造一流营商环境，激发市场主体新活力；繁荣发展海洋文化，提升海洋文化软实力，打造具有核心竞争力的现代化海洋经济新体系。

2. 和谐海洋。树立大海洋、大空间、陆海一体的现代海洋思维，协调匹配陆海主体功能定位、空间格局划定、开发强度管控、发展方向和管制原则设计、政策制定和制度安排，统筹海洋经济发展与国防建设，实现陆海协调发展。

3. 美丽海洋。把海洋生态文明建设纳入海洋开发总布局，强化绿色发展理念，严守生态保护红线，推进美丽岸线、生态港湾、滩涂湿地、海洋生物多样性保护修复，持续改善海洋生态环境质量，实现海碧物丰、岸美滩净。

4. 开放海洋。深度融入"一带一路"建设，搭建海洋合作平台，创新海洋合作模式，推进国际产能合作，构建蓝色伙伴关系，形成全方位、多层次、宽领域的海洋开放合作新格局。

5. 幸福海洋。强化公众海洋意识，推动全社会共同参与海洋强省建设，增加海洋领域公共产品和服务供给，保障沿海居民生命财产安全，让人民群众共享海洋发展经济成果、生态成果、文化成果。

组织"海洋强国，行动在我"演讲比赛

认真筹划，组织一次"海洋强国，行动在我"的演讲比赛。演讲比赛先在小组中进行，再在全班进行。将演讲文稿办一期手抄报，评一评谁讲得好、谁的手抄报设计得好。

为了准备好演讲，一定要多查阅学习有关的材料，使演讲内容丰富、感染力强。

还要注意说说自己应当为"建设海洋强国"做些什么。

以 海 明 德

　　海洋以广阔的空间与丰富的资源为人类的生存与发展创造了优越的条件。"海兴则国强民富，海衰则国弱民穷。"这是一个正在崛起的海洋大国的心底呼唤。建设海洋强国是实现中华民族伟大复兴中国梦的必然选择，是构建海洋命运共同体的重要举措。海之志，向前闯；有理想，勇担当。我们应踏踏实实地努力学习，认认真真地练就本领，为建设海洋强国做好准备、贡献力量。